全球最強團隊都在用的

心理安全感溝通用語55

原田將嗣 著
石井遼介 監修
林曜霆 譯

最高のチームはみんな使っている心理的安全性をつくる言葉55

方舟文化

你有在用嗎？這些「NG語詞」

雖然有些突然，不過首先來做個確認吧！
在你的職場裡，下列這些語詞是否正在被使用呢？

①受人諮詢時，為了當事人好，以「先自己思考看看吧！」回應。

②當有新想法出現，認為由想到的人來做是最好的，所以說：「那麼，就由你來負責了喔！」把工作分配給對方。

③再次被詢問到曾經教過的事情，會嚴格指導說：「這個我之前就說過了吧！」

④在提醒要留意時，會向對方說：「這種事情我是很不想說啦，但……。」

⑤即使自己負責的工作有狀況，仍會因不想給周圍的人帶來困擾而表示「沒問題」，並先思考自己還能再做些什麼。

⑥對於沒完成的事情會追究原因，並為了釐清而詢問：「為什麼做不到呢？」

⑦當團隊察覺到失敗時，先詢問「是誰的責任」以明確責任歸屬。

⑧被後輩或部屬詢問工作目的或做事的理由時，為了不擾亂團隊合作，曾說出：「因為是工作，所以別考慮這些，就做吧！」

⑨一開始就對新加入的成員清楚告知「公司的規則」，並要對方確實記住手冊或規則上的內容。

⑩在中途才加入的計畫會議中，被上司問：「有什麼意見嗎？」由於不想搞錯重點，所以回答：「沒什麼特別意見。」「我覺得這樣很好。」

事實上，這些用語都是在日常對話中會導致心理安全感下降的語詞。你可能平常會在無意識中說出，或者其實也不希望如此但仍不小心使用了。而它們，可能就這樣使得團隊的心理安全感降低了。

如果上述句子中，有五項以上符合，那就表示你們團隊的心理安全感安亮黃燈了。

請用本書告訴你的語詞，來替換掉吧！

監修者序
從「言詞」開始，改變你的團隊

股份有限公司 ZENTech 董事
《愈吵愈有競爭力》（心理的安全性のつくりかた）作者
石井遼介

你是基於什麼想法，拿起這本書的呢？

對「心理安全感」這個關鍵詞很在意！想要學起來！——有這樣熱衷於學習的人；也有抱持著各式各樣真實存在的煩惱的人吧？那些煩惱可能是：「想要幫自己的團隊、組織做點什麼……」、「想讓會議變得更活性化」、「想促使後輩成長」、「想要比現在更好地應對上司」、「想要從與客戶的商談中取得更多成果」等等。

這本《全球最強團隊都在用的「心理安全感」溝通用語55》，是為了那些抱持著強大意志，想讓團隊、組織，以及人際關係都獲得進步的人而存在的書籍。

「心理安全感」這個主題，目前已經獲得了極大的關注。幾年前本來還只有部分走在前端的人事事務負責人在探究，然而如今，**其重要性已經逐漸滲透到日本傳統的大型企業，甚至進入到**

經營階層當中了。

事實上，在我擔任董事的股份有限公司ZENTech裡也一樣，從人人都知道的上市公司管理人員的進修徵詢，到來自企業或公家機關的組織開發、人才開發商談等，都有很多相關的案子。

本書作者原田將嗣先生，就在ZENTech公司裡擔任資深顧問。初次相遇時，他本來還是以副業、兼職形式參與公司運作的。然而不知不覺當中，他已獲得成員們的信賴，實現了充滿商談與想法、「以心理安全感所打造，拿得出成果的團隊」。

具體來說，就連剛進公司的成員也會自發地說：

「這位客戶，就由我先來跟進吧！」

「前端的團隊開始變忙了，所以我想要討論是否引進這種工具！」

就像這樣地，不論跟進或是提案，每天都會出現。

原田先生目前統整著敝公司的業務部門，在客戶商談、心理安全感相關演講、進修活動、組織開發諮詢，以及提供以管理階層為目標的教練學服務上，全方位地活躍著。

原田先生的「言詞」，不僅能活用在自家公司與團隊，也有助於從心理安全感的角度，與客戶建立「良好團隊」關係。

而且還更進一步地，能對客戶的組織、團隊也帶來良好影響，因此不斷地收到以下評價——

「我不會覺得進修『總算結束了』，而是變得能夠與上級一起思考進修之後要怎麼做、未來要怎麼做了。這都是拜原田先生所賜，讓會議得以在心理安全的狀況下進展。」

「如果能有意識地運用那句語詞，會議上就會有很多意見被提出了。」

「如果能夠持續那種搭話方式及跟進方法，似乎連新進人員也能慢慢地把心給打開來。就從現在開始做起吧！」

這正表示，本書的「語詞」並非紙上談兵，而都是原田先生在敝公司工作，以及與客戶深入商談時，實踐過的句子。此外，我們也還進一步地將之運用在客戶團隊裡，並獲得了成果，**這些「語詞」是經過實證有效的。**

當然，我絕非是在主張「只要把語詞像唸咒般誦唸，不管什麼組織或團隊都能變好」這種荒唐可笑的事情。想打造心理安全感，需要仔細觀察對方、配合對方的狀況，然後以適當的聲音語調及傳達方式，把語詞給表達出來。

正因如此，希望你能把這本《全球最強團隊都在用的「心理安全感」溝通用語55》，當成實踐及學習的書籍來運用。

本書給了我們思考方法以及選項。當我們在挑選要寫入書中的語詞，想著「該選用哪一個好呢？」時，我們會去揣想對方的狀況。也請務必在實際說出這些語詞時，試著去感受並瞭解對方的反應。

不過有時即使已經深思熟慮地假想、動腦過，也難免會遇上對方的反應或表情不太好、沒能適當地把用意傳達給對方的情形。這種時候，我們不該對對方失望或放棄繼續說話，請務必改以其他的語詞或選擇其他時機點，再試試看吧！

綜上述意義來看，本書可說是本能時常實踐於團隊的書籍；也是一本能嘗試各種語詞之使用方式、使用場合的學習書。

請透過實踐與拓展學習，以心理安全感來營造你的高效團隊吧，本書為你加油！

前言

股份有限公司 ZENTech 資深顧問　**原田將嗣**

「在會議上募集想法，但沒有人發言。」

「有部下會隱瞞失誤。」

「任務分配得不順利，團隊裡的人際關係很糟。」

「就只有我這組的業績一直上不來。」

……

這些找不到解決頭緒的狀況，看似是「人」跟「團隊」的問題。

其實，運用本書裡的語句，就有助於改善、解決以上問題。

究竟是為什麼，能夠做得到這種事呢？

那是因為，收錄於本書、嚴格挑選的五十五個語詞，是「能營造心理安全感的語詞」。

所謂的「心理安全感」，簡單來說就是指「任誰都可以率直地把所想的事情說出來」。當然，說出來並不是指「抱怨說出來、什麼話都說出來」，而是能朝著團隊目標或重要方向，互相把意見與想法說出來交流。

當確保了心理安全感之後，像失誤報告這類難以啟齒的內容，就能更快地達成資訊共享。不但對新事務的挑戰機會增加，也會讓工作自身能夠帶來滿足感與成就感。如此一來，團隊成員的工作品質就會提升，也能促進團隊的學習，從結果來說，將能夠引領團隊整體的成果向上成長。

換言之，我們可以斷言**在現今這個變化激烈的時代裡，為了要整合團隊力量、獲取最好的成果，最應該要營造的就是「高心理安全感」的職場環境。**

「我知道心理安全感的重要性。然而，該要從何著手才好呢？」

近來我收到許多像這樣的意見。而首先，**改變在職場上使用的言詞**，就是最簡單也最有效的起始方法了。

本書嚴格挑選了在職場上經常出現的場景，並且傳授透過「語詞」作為媒介來提高心理安全感的技巧。

你不需要「大膽改革」也不需要「花費成本投資」。只要稍微改變日常所使用的語詞，就能夠營造出心理安全感高的團隊。

請務必從今天使用的語詞中，選擇一個來改變吧！

什麼是「心理安全感」？

這個詞出現於超過半世紀前的一九六五年，原本，是運用於組織上的詞彙。後來，由現在任職於哈佛大學的艾德蒙森（Amy C. Edmondson）教授，將其定義為可運用於團隊，「承受人際關係的風險也沒問題，成員們所共有的信念」。後來，美國谷歌公司（Google）所做的「亞里斯多德計畫」（Project Aristotle）也再次確認了這件事。「心理安全感」於是被認為是對團隊來說「壓倒性重要」的關鍵，因而受到矚目。

這個與團隊成果及生產力息息相關的心理安全感，經常會被誤解為「意指團隊感情很好」。然而真正的含意究竟是怎麼樣的呢？

當然，團隊的感情不好很明顯會對生產力造成不良影響。然而，**心理安全感並不是單純地指團隊成員的感情好**。事實上，在感情太好的情況下，人往往優先選擇維持現有人際關係，所以有時候該說的話反而說不出來，成效也難以提升。

心理安全感高的團隊，成員間的關係既不會「糟過頭」，也不至於「好得超過」，而是一個會為了目標或成果進行「健康的意見衝突」的團隊。

有心理安全感的團隊

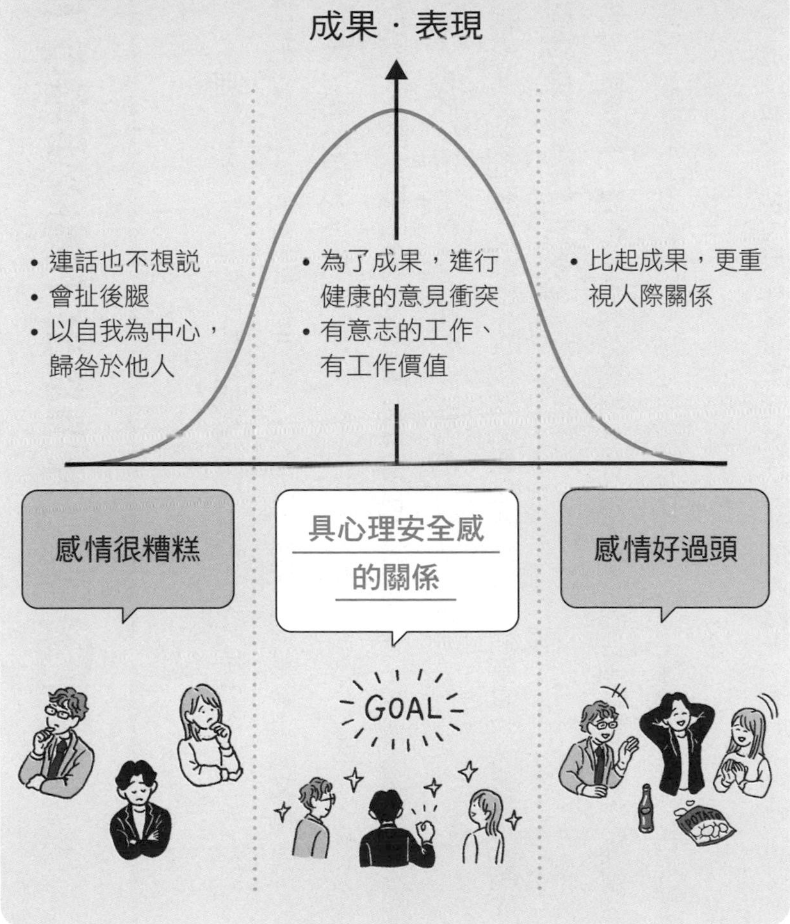
成果・表現
・連話也不想說
・會扯後腿
・以自我為中心，歸咎於他人
・為了成果，進行健康的意見衝突
・有意志的工作、有工作價值
・比起成果，更重視人際關係
感情很糟糕
具心理安全感的關係
感情好過頭
GOAL
POTATO

營造「心理安全感」的四要素 話 助 挑 新

像這樣的「心理安全感」，是由哪些構成要素所營造出來的呢？

我以資深顧問身分任職的 ZENTech 公司，致力於研究如何結合組織文化、工作方式、職場環境，打造「日本版的心理安全感」。

公司不但開發了獨有的調查系統 SAFETY ZONE®，還測試了超過六千個日本組織團隊。歷經重複檢測之後，我們找出了提升心理安全感的重要因子（要素）。

也就是「敢言（好說話）、互助、挑戰、鼓勵創新」這四個要素。若組織或團隊具有心理安全感，就表示 話 助 挑 新 這「四要素」是高的。

在這個沒有正確答案、變化激烈的時代裡，我們更應該融合團隊的力量、累積智慧與功夫，互相提出想法來討論。想做到如此，心理安全感是很重要的。上述四要素，正是為了達到這目標的測量計。

首先，請把這四個要素當成尺規，試著測量你自己的團隊吧。

用「四要素」來
打造心理安全感

話 助 挑 新

敢言

現在方便談談嗎？

互助

有什麼能夠幫你的？

挑戰

就先來做做看吧！

鼓勵創新

沒有過這個觀點！

「敢言」要素：雖然我有不同的意見！

包含閒談在內，有個能頻繁進行資訊共享的環境是很重要的。在「敢言」要素裡，這種資訊共享的「量」與「質」也都很重要。

例如：對於難以啟齒的反對意見，或一直以來服務推展不順的預兆等等，你的團隊是否擁有足夠友善的環境，歡迎成員共享與說出「雖然不好開口，但這是推動工作進展的重要事項……」、「雖然不妥，但卻是有必要告知的真實情況……」呢？

「互助」要素：遇到困難的事情了！謝謝你教我！

「互助」是做為團隊合作的根本要素，代表一個能夠互相幫忙、彼此協助的環境——不但平時就能與領導者或同事討論；當失誤與麻煩發生時，也能不責備失敗或個人，並且朝著解決、改善問題的目標，進行建設性對話。

尤其是，身為領導者或前輩的你——遇到不懂的事情時，能夠直率地請教成員或後輩，平靜地尋求協助嗎？請回想看看吧！

「挑戰」要素：嘗試得好！肯去嘗試就很棒！

許多標榜「挑戰」的組織，實際上所歡迎的多半都是成功，而非挑戰。「挑戰」其實就是致力於沒有成功保證的事物，失敗總是不可避免的。在挑戰的結果明朗之前，重要的是，周圍的環境要能歡迎「挑戰這件事本身」。當團隊裡的挑戰要素高的時候，新想法或企劃就容易出現，而挑戰這件事的數量——也就是團隊的挑戰總量，便能夠增加。

「鼓勵創新」要素：多樣性&包容性。這是嶄新的視角啊！

「人」是聚焦的要素。當一個組織或團隊，處於不受社會或業界「常識」限制；接受各個成員的強項或個性、新視角與想法，甚至歡迎「搞錯重點」的環境——這就是能夠善於巧妙活用多樣性與包容性的組織或團隊。

請利用上述心理安全感的四大要素話助挑新，首先掌握你的團隊現況。只要知道了該注意的焦點所在，接著就能找出對應方案了。

本書的使用方法

本書裡介紹的五十五個語詞，都是分別由四頁內文構成的。如同下面例子，首頁右上方會顯示語詞的編號，其下則是使用本則語詞時，能夠提高「心理安全感四要素」裡的哪一個，透過話助挑新的圖標來顯示。

語詞編號 0

心理安全感四要素 話 助 挑 新

✕ 不經意會使用的NG用語例

○ 營造心理安全感的用語

語詞的種類

前置語詞

回覆語詞

這句語詞該用在哪個場面

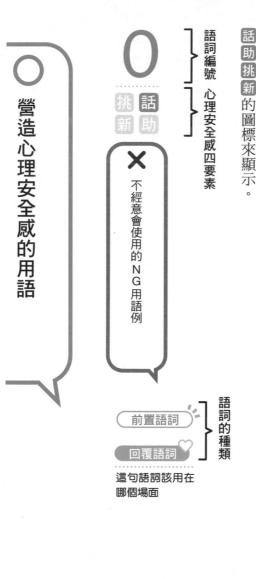

放置在話助挑新圖標下的是「會不經意說出的NG用語例」。當然，依據與對方的關係或傳達的時機而異，這也可能未必就是NG的用法。

頁面右下是前置語詞與回覆語詞的圖標，此處也會一併解說本則語詞的使用場合。前置語詞用以促使對方行動；回覆語詞則是接受、承認對方的行動或結果（第五十六頁的「重點」會詳細解說，這邊請先如此簡單地理解就夠了）。均衡地運用這些技巧是很重要的。

在「語詞」的配置上，各章都會依前置語詞→回覆語詞排列，但遇到運用場景相似、配套使用更佳的部分，將不會拘於此順序。

在團隊營造上多半做為主要角色的領導者當然不用說了——但事實上，這與位置或角色無關，希望團隊中的每個人，都能活用本書裡的語詞。

CONTENTS

第2章 沉默退散！讓會議活性化的語詞

第3章 建立信任！讓一對一會議變輕鬆的語詞 122

第4章 績效上升！激發團隊挑戰與創新的語詞 170

第5章 鞏固人脈！把客戶變「夥伴」的語詞 216

第6章 狀況解除！把危機變轉機的語詞 262

讀者專屬特典

你可以從下面連結中，免費下載可以幫你建立更好的組織、團隊的有用資料。請活用在各位的職場跟團隊中吧！

PDF提供運用！也可以印出來！

特典1　打造心理安全感的55個語詞一覽

特典2　心理安全感的四個要素 印刷・展示用資料

特典3　會讓心理安全感降低的NG語詞確認表

https://forms.gle/PZNg6fCXbHYBx3UW8

第1章

請每天使用！能打造團隊安全感的語詞

首先要介紹在職場或團隊裡，
每天都能使用的語詞。
更換打招呼或日常溝通時
會不經意使用的語詞，
雖然看似是個小小的開始，
但實際上這些都是嚴格挑選過的重要關鍵詞。
從明天起，盡快改用這些語詞吧！

1

挑話
新助

✕
早安。

〇〇先生／小姐，早安。

前置語詞

一天開始時的打招呼

一天的工作，是從打招呼開始的。

我想在很多職場裡，這一點都理所當然地實踐著吧？而這裡有個能夠提高心理安全感的簡單方法，就只需要再多做一點點就行了。

那就是**「在打招呼時，加上對方的名字」**。只是多幾個字，把名字給帶上，就能讓人覺得你並不是「有人來了，在跟大家打招呼」而已，而是「不是跟別人，是在對我著說」，如此一來，團隊成員們自然就容易開口。

事實上，有很多報告顯示，因為上司做了「呼喊名字的搭話」，「部屬藉著打招呼的機會，來發言或商談的情況變多了」。

「〇〇，早安」

「課長，早安。對了，請聽我說……。」

不只是打招呼，在開會等場合上也是，**比起只丟出一句「有誰有意見的嗎？」改以「某某某，你怎麼想呢？」來作為引導部屬發言的「前置語詞」更加有效**。如果來自部屬的回報或商談增加，日積月累下來，對於問題的預防、及早發現或在擴大之前解決，都會變得更加容易。

心理安全感的基礎，說穿了就是「好不好說話」

這或許會讓人覺得有點意外，但最重要的一點，就是要由上司或主管率先打招呼。原本日語裡的打招呼（挨拶）一詞，是源自於禪語裡的「一挨一拶」。「挨」與「拶」這兩個漢字都有著「推、迫」的意思，而這個詞的意思，就是指師父為了確認弟子的修行進度與狀態，所提出的「問答」。

說到打招呼，雖說我們總有著應該是「地位較低者或年輕人，向地位高者問候」的認定，但若從語源來看，**上司、主管為了瞭解部屬、成員的狀態而打招呼**，並依據對方回應的語調或反應來**理解對方狀態**這一點，是很重要的。能夠由地位高的人主動打招呼的團隊，才會是「好說話」的團隊。

不知道大家在似懂非懂的新人或菜鳥時期，是否有過因為前輩、老鳥和顏悅色地對你說：「某某某，早安啊！」而感到安心的經驗呢？假使沒有，你又是否曾為了獲得這樣的待遇，而想要更快地成為團隊中的一員呢？

如果關係許可的話，不妨問問對方：「想被怎麼稱呼呢？」只要對方願意，改用暱稱來稱呼也是很有效的。附帶一提，我的名字是原田將嗣，所以大家都叫我「阿嗣」，有時候甚至連客戶也會這樣叫。

對某些公司來說，這一點或許難以實行。例如「大型企業的總裁」等等地位很高的人，「強行用暱稱來稱呼新員工」，當然很可能會帶來反效果，所以請依照自身團隊的狀況，來思考應該要怎麼做才好。

在面對面的場合裡，如果可以的話，看著每個人的眼睛來打招呼，會更加有效。

遠端工作時，要這麼做可能會有些困難，但只要在進行線上通話時盡量開啟鏡頭、朝著鏡頭透過畫面看向對方的眼睛來說話，就可以了。

既然都已經特意打招呼了，當然會希望做得更「有效」些吧？

在心理安全感的四大要素「話助挑新」當中，最為基礎的就是「敢言」這項要素了。而提升「敢言」要素，最簡單而且可以立即開始、效果又高的方法，就是本節所介紹的「帶名字的打招呼」。請盡快在今天的會議或明天早上，開始嘗試看看吧！

2

話 挑
助 新

✕
抱歉，現在有點忙。

〇
今天的商談時間是〇點～〇點喔！

前置語詞

想要在團隊裡營造容易商談的氛圍時

當部屬或同事前來商談時，雖然很想當場立即回應，卻不是總能做得到。畢竟你自己也可能會有被手頭上的工作逼到「毫無餘裕」的時候吧！

像這種時刻，就容易出現下面這種NG回應。

NG案例

「〇〇先生／小姐，我有些事想找你談一下……。」

「抱歉，我現在有點忙，晚點可以嗎？」

「……不好意思，那就晚點再麻煩你了……。」

假如對話像這樣子結束，想要商談的一方會感到困擾。

要是下次再開口時，又撞上同樣忙碌的時刻會讓人很過意不去；但不談談的話又沒辦法繼續做下去……。這樣一來，團隊裡的「敢言」要素跟「互助」要素就都減少了。

那麼應該怎麼做才好呢？在同樣忙碌的狀況下，若能以「不好意思，因為現在有點走不開……，**三十分鐘以後談可以嗎？**」等方式，**指定出自己能夠接受商談的時段或時間點**，會很有效果。

若想再多做一點來提升心理安全感的話，建議你可以提前設定好「商談時間」的時段及共通用語。

即便只有三十分鐘也行，主管或負責教導新人的前輩職員們，可以在自己的行事曆裡排入「商談時間」、「可進行討論的時段」這類的預定時程，並且與團隊成員共享。

「商談時間」是指優先接受成員們商談的時段。**「如果沒事的話我會做自己的工作，但在這個時段裡，我會優先處理所有商談的要求，有需要就請跟我說。」請在團隊裡面設定出這樣的規則來。**

此處的重點在於，能否把「商談時間」變成團隊的共通用語。那麼一來即便是新人，要說出：「今天的商談時間是幾點啊？」「因為這個時段是商談時間……，現在方便跟你談談嗎？」這類的話語，也會變得容易許多。

比起沒有設置共通用語，需要先請示「想要商談一些事情，請問現在方便嗎？」的情況，有「商談時間」的做法會讓「敢言」與「互助」兩個要素都變得更高。

當然，訂出了共通用語，卻沒有把商談時間排進行事曆，也只會讓成員覺得：「奇怪？怎麼沒看到商談時間啊？」而變得毫無效果。因此設定好共通用語後，即使一次只能安排三十分鐘、每週僅有幾次也沒關係，請把它重複排入行事曆的預設行程中吧！

在團隊裡設定共通用語

當團隊要引進什麼新事務時，請務必試著從**「動點腦筋來命名，制定共通用語」**這件事開始做起。

在擔任業務人員時期，我們會分享失敗案件或受到客戶責備的事例，並為這種會議取了個名稱，叫做「搞砸會」。說「失敗案例」、「客訴案例」總會讓人心情沉重，但如果說成「出現搞砸會的案例了」，在回報時，對於失敗或客訴等情況就較容易說得出口。

雖然站在上司的立場，通常會覺得：「怎麼會被客訴呢！搞什麼啊！」但比起出了差錯或失敗案例這些事，因部屬沒能回報而無法採取應對措施才是更深刻的問題啊！積極地蒐集「搞砸了」的情報，才是比較好的做法吧？

站在團隊成員的立場來看，這種「可以的話盡量不想說」的負面案件，正應該運用「共通用語」，讓人更有「動機」開口說出來。

舉例來說，在某家上市公司裡，就有個團隊會把麻煩問題叫成「哭臉🥺」，他們期待能夠以「遇到個有點大的哭臉了……」這樣的感覺，來達成資訊共享的目標。

3

挑 話
新 助

✕

再討論看看吧……。

前置語詞

當出現許多意見或擔憂／動作停下來時

○

先來做看看吧！
做了就知道。

當團隊成員提出了許多意見，有時也會有無法決定該從何處開始做起的情形。尤其急迫程度不高時，常常就會演變成「再討論看看吧」而被放在了一旁。

然而，比起持續在會議室裡討論，有時候實際上做做看反而比較好。特別是那些「即使失敗，傷害也小，很快就能恢復原狀」的項目，就請先試試看吧！

在這種時候，希望你可以使用的語詞是——

「公司裡提出了很多應該整理的資料與工具流程的修改提案啊！」

「是啊，要從哪邊開始進行好呢？」

「這個嘛，還是再討論看看吧……。」

「先來做看看吧！做了就知道。」

這樣說的意義在於，「雖然不知道會否出現期待中的成果，但實際去做看看總會知道些什麼」。這的確是個督促挑戰的語詞啊！

這裡有個類似且很有名的句子，就是「只要去做肯定行」。兩者看起來雖然很像，但事實上其意義完全相反。

「只要去做肯定行」一句的重點在於「行不行」，換言之就是以結果、成果來進行評價。再想得深一層，或許就會感受到有「直到成功為止，繼續做」、「不容許說不行（＝失敗）」這樣的深意。

另一方面，在「做看看就會知道」的情況下，比起「行不行＝結果、成果」，更著重於把目標放在**「知道＝發現、學習」**上。換言之，就是「已經討論夠了，先來實際執行吧！就算做不成，也可以從中學習來修正做法」。

心理安全感高的團隊並非不會出錯、不會失敗的團隊，而是能夠在激烈變化當中摸索、挑戰，並從結果中學習、修正方向後，向前邁進的團隊。從這層意義上來說，「做了就知道」就是勇於挑戰，以從中學習為目標的一句正是能提升心理安全感的「前置語詞」。

接著來介紹「做了就知道」的應用類型：**「所能獲得的就是成功或發現」**。

「這次的競賽能贏嗎……？聽說很多大公司都有來參加，有點擔心。」

「不不不，你知道做了就能獲得的是什麼嗎？是『成功』或『發現』喔！」

「這個，是什麼意思啊？」

「即使沒能獲勝，也能得知客戶的真實想法跟評價，從中更可以發現能改善的地方；因為製

作了簡報用的資料，技能會提升，同時也更新了關於我們公司服務的相關知識，言談上可能也能變得更好些；而且看到其他競爭公司的簡報，也可以有所發現。這樣一想，可真是令人期待啊！」

「原來如此，的確別家的簡報是很難得看到的，連我也開始期待了！」

比起在「負面圖書館」裡存放語詞，更該朝「目的地」前進

以上的情況，「就算失敗了也沒關係」這句好像也能派上用場。但是像「失敗」這類的「負面語詞」累積多了以後，腦子裡的「負面圖書館」就會堆滿了負面性的藏書。如此一來，會讓人越來越難以用盡全力。被人提醒「正式上場時，別太緊張啊！」結果反而更緊張了——這樣的經驗不知你是否也曾經有過？

就像比起說「別緊張」，用「放鬆點吧」來表達會更好；與其使用「別在意負面部分」這樣的說法，不如以**「能收獲」、「成功或發現」**來提示對方可以前進的目標事物，會讓事情更加容易進行。

4

話挑助新

✕

為什麼還沒結束啊？

前置語詞

約定的期限快到了，吩咐的工作還沒能完成時

〇

是被什麼卡住了呢？

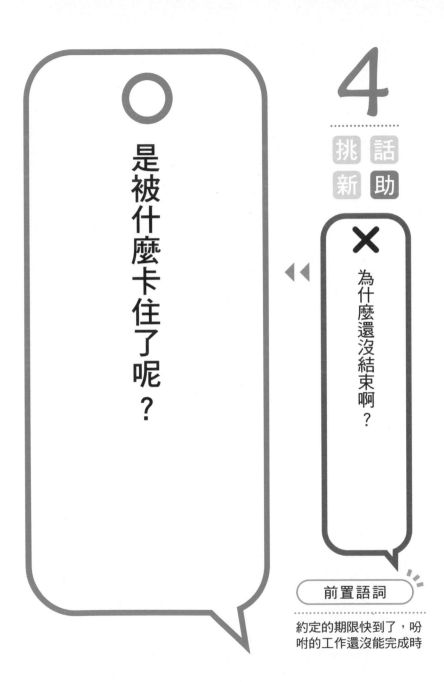

當你發現業務或計畫的進度不如預期時，都是怎麼做的呢？

在此時，能夠維持住團隊的心理安全感、冷靜地瞭解實情、整理狀況、進一步改善及實行的一句話，就是：「被什麼卡住了呢？」

「究竟是被**什麼**卡住了呢？」或是「停在了**哪裡**呢？」用英語來說，相當於疑問詞「What/Where」，請以此讓事實變得清晰起來吧！

「○○先生／小姐，關於那個計畫，是被什麼卡住了呢？**」**

「啊，其實是已經請宣傳部那邊做確認了，可是他們還沒回覆……。」

「原來是這樣啊。那等待的這段時間裡，我也來催催宣傳部長那邊吧！」

此處需要留意的是，「好像沒什麼進展的樣子，為什麼？」這樣的詢問方式。

事實上，**「為什麼？」（Why）有著歸咎於對方的語感，會讓人退縮，對於促進工作進展的效果絕對不會太高。**

你應該也曾經看過，被你詢問「為什麼」的人，實際上並沒有講出任何原因，只是嘴上說著「不好意思」、「很抱歉」等謝罪話語的模樣吧？

與其追究原因，更該先弄清楚發生了什麼事

「What/Where」與「Why」同樣都是疑問詞，但其中有著很大的不同。當我們詢問「為什麼」時，對方接收到的訊息不會僅是字面意義上的「詢問原因」，而容易被解釋成**「在指責、追究做得不好、沒做到位的地方」**，最後就容易導致自行謝罪或反省的情況。

之所以會出現這情況，或許原因出在於孩童時期的學習上。不知你是否有在表現得不太好時，被詢問「為什麼？怎麼會這樣？」的記憶呢？它可能是「為什麼會忘記帶東西？」「為什麼沒有做功課？」

然而另一方面，當我們表現良好的時候，卻不太會像「為什麼會考滿分？」「為什麼能夠贏呢？」這般地被追問「為什麼」。

因此，「Why」成為了讓聽到的人感覺不出用意，只像是在責備、追究對方的語詞。請放棄這樣的語詞，**冷靜地運用「什麼？哪裡？」、也就是「What/Where」，來把事實給弄清楚吧！**

若發話的一方採用「What/Where」的說法，就能夠不帶情緒地進行詢問，進而迅速發現問題並做出應對，可說是一舉兩得。

如果想要更客氣地詢問容易膽怯的成員，也可以參考以下的例子。

「〇〇先生／小姐，這是為了一起改進、想要瞭解狀況而做的詢問。現在這個案子，卡住的點是什麼呢？」

「我接到A前輩的指示後，開始查找過去的案例。只不過先前從B先生那邊分配來的任務還沒有結束……所以事實上，還沒能開始進行。」

「原來如此啊，謝謝你告訴我！這樣我就瞭解狀況了。在明天的固定會議上，我想跟A先生和B先生談談關於優先次序的分配，你覺得如何？」

請像這樣，盡可能淡化掉究責對方的語氣，以有助於推進團隊整體工作的發話方式為目標吧！還有一個希望你知道的重點，那就是——即便對方有錯，但**向對方究責、讓對方承認錯誤，對於解決問題、推展工作進度而言，可說是毫無幫助**。

請把「為什麼」換成「什麼」，不責備個人，而是討論解決方法或如何能夠推進工作，以成為「敢言」、「互助」要素含量高的團隊為目標吧！

5

挑話
新助

✕

那就交給你了，拜託囉！

前置語詞

當把工作交給在該領域中經驗較淺的成員時

○

覺得跟誰談談會有助進展呢？

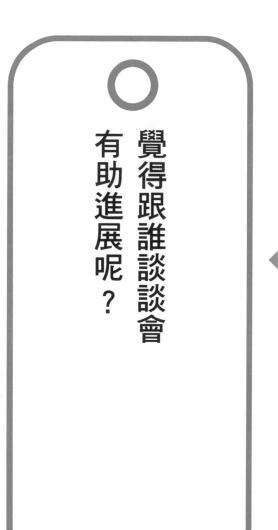

從培養成員的觀點來說，讓資歷淺的成員／對該項任務經驗較少的成員，以負責人的身分組織新事務的作法，是有其必要的。只不過，此時交託任務或傳達內容的方式都有可能會影響到團隊的心理安全感，必須要注意。

NG案例

「那就由〇〇來負責這項工作了！交給你了，拜託囉！」

「……好的。」（覺得不安……）

「啊，有什麼問題的話隨時提出來討論喔！」

「……好的。」（覺得不安……）

或許有人會覺得驚訝，像這種這麼常見的對話也是「NG」的嗎？事實上，對於經驗尚淺的成員來說，**「提出討論」這件事的難度意外地高**。這是因為，他們容易認為提出來討論會被當成「連這種事都做不到、不知道的人」，所以因此而抱持著不安感。

建議的做法是，採用「你覺得跟誰談談會有助於進展呢？」這樣的說法。即便語意同樣是邀請他提出討論，但加強「為了推展工作的討論」這點，會賦予提問者是為了工作而積極努力的印象，所以關於「誰」的這個部分，就會變得更容易去考慮、探尋。

「最後，來確認A做的工作分配表吧！進修活動當天的接待人員是……（發表工作分配）……午餐的籌備就由B負責。啊，雖然B這是第一回參與，可以由你來負責這部分嗎？」

B 「那個，好的……我會盡力……。」

「你覺得跟誰談談能讓工作順利進展呢？」

B 「我想向之前負責籌備午餐的同仁請教。像要怎麼抓預算、時程的安排、跟哪個業者聯繫比較好等等，如果能夠讓我知道的話會很有幫助。」

「很好喔！這個進修活動的便當一直都頗受好評，前一次的負責人是C吧，能請你後續跟進一下嗎？」

C 「我知道了，B，等等找時間來談一下吧！」

B 「謝謝你，C，請多關照。」

從這樣的對話中，可以感受到能讓成員安心地專注於工作的態度。

帶著不安感，而且還在經驗本來就已經很少的領域裡摸索工作，多半都難以如意進行。明明已經很努力去做了卻還是不順利，之後甚至被發怒說：「為什麼都不提出來討論！」這哪讓人受得了啊！

因此，重要的是，要說出**「確保讓人容易開口討論」**的用語。在這個例子裡，可以從「同時也決定了資淺成員的指導者」這一點，看出效果。

為了能夠持續發光

其實這種說法，並非只是為了資淺的成員而存在的。不論在哪個業界，工作通常都會往「能力好」、「責任感強」的人身上集中。委託工作的一方當然是覺得安心；而受到委託的人，也喜歡受到信任、在投入工作之中成長的感覺——像這樣的例子也不少吧！

不過，如果一個人因為手頭上的工作過多，結果太疲累而導致平時不會犯的失誤頻繁發生、加班加到身體都弄壞了的話，應該沒人會高興得起來吧？對於這些容易被集中分派工作的人，就請採用「覺得跟誰談談會有助於進展呢？」或**第29則語**詞「來看看要怎麼分擔工作吧？」來提升互助的要素吧！

團隊的目標是「總體戰」、「團隊合作」。最理想的情況是，沒有過度工作的人、也沒有無法全力發揮的人，而要達成的目標是**「讓全體成員都能持續發光的狀態」**。

6

話助 挑新

×

這個，你來處理。

〇

我對〇〇不太擅長，可以的話能拜託你嗎？

前置語詞

領導者不擅長領域，想開口請人跟進或協助的時候若想要在團隊裡增加「互助」要素，**由前輩或領導者率先展示出自己「不擅長的事」**會很有效。

由領導者先表達出「對〇〇感到有點棘手」，成員們就能更容易地說出：「可以的話就讓我來做吧！」並且提出協助。除此之外，先由上位者表達出自己不擅長的事務，也能讓成員更願意找他人商量自己不擅長的部分，並尋求協助。

「這次會議的司儀……老實說我不太擅長這個。按照往例，可以的話就拜託你了好嗎？」

「課長，如果可以的話就由我來吧，能讓我來跟進的話就太好了。」

這邊所說的「不擅長的事」，並不限於「專業以外的事」。例如：會議引導師、活動幹事、整理資訊或研究等等，或者「努力的話多少也能做到，但可以看得出擅長、不擅長」等這類事情；還有，隨著資歷年數長短而改變的事物，以及跟與生俱來的個性或品味有關的事情也都包含在內。

有一點要注意的是，沒有開口拜託，但部屬「看不過上司不高興的樣子，自己揣測後把事情準備好了」（連謝謝也沒說一句），這種狀況則似是而非。**「提出拜託，請求幫忙處理，並傳達感**

謝之意」三者都有顧到，才是完整的一套做法。

誠實地展示弱點、尋求協助，讓菜鳥也能發光發熱

若在進修活動上講到這裡，可能有些老鳥會說：「都到了這把年紀，還要向年輕人低頭、把自己的弱點暴露出來，這實在是……。」

會有這樣的心情也是理所當然的。尤其對至今為止都以「強力領導者」角色帶領團隊、交出成果的人來說，就算只想著「要改變方針已經很難了，就照這個風格做下去，應該還是能做出成果來吧！」也沒什麼奇怪的。

然而，正因為是這樣的「強力領導者」，所以更希望你能夠停頓下來思考看看。隨著世界變化日漸加劇，商業與社會的複雜度都在增加。就算再怎麼有能力，靠領導者一人之力難以應付的局面也增加了，成員們各自擁有的原始數據、自己所沒有的視角等，也都在展現著追求變革的態度。社會的變化要求著管理的風格要有所變化——現今正是這樣的時代。

我自己最初也是一邊害怕著一邊展露出弱點的，但不久就獲得了來自年輕成員的善意反饋訊息：「像原田先生這樣能夠說出自己的弱點的人，看起來才是正直、有氣量的領導者啊！」在小小驚訝的同時，也讓我感覺到：「啊，**展露弱點，更能獲得成員的信賴。**」

對管理階層或領導者而言，相較於個人成果，其實更是以「組織或團隊的提升成果」來做為被評價的中心的。**即便只是為了提升自己作為領導者的評價，也應該改變風格，打造更有心理安全感的團隊，以「讓團隊能夠拿出更好的成果」為目標才對吧？**

關於這個語詞的應用形態，還有：「能夠教教我嗎？」這也是能藉由展現自己未知之處或弱點，來提高「敢言」及「互助」要素的語詞。

「現在非得做個有點困難的總計才行，但該怎麼做才好呢？如果有熟悉函數跟樞紐分析表的人，能夠教教我嗎？」

「被信任」對於對方來說並不會是困擾，相反地，「我在這件事情上受到信賴了」的感受，在工作上會產生富有意義的效果。

受到信賴的成員不但會開始想著「要更能成為助力」，甚至還會對於領導者尋求協助的事項，更加自發地投入。這樣的結果乍看之下似乎很不可思議，但實際上從尋求幫助的那刻起，你就是在培養成員的自主性、自律性以及積極性了。

7

挑新 話助

×（因為不瞭解所以沒法問）……

〇 現在，有時間談談嗎？

前置語詞

在遠端工作中，想要詢問事情時

這邊要介紹一則，「想讓成員能夠自行說出來的語詞」。

從新冠疫情發生以來，許多職場都導入了遠端工作的機制。每天進公司在辦公室裡工作，與遠端工作相較之下，有些什麼不同呢？

代表性的變化，大概是**「資訊會自然地進來」這一點減少了**吧！

舉例來說，以往至少能夠在每天早上見面打招呼時，多少察覺對方身體狀況的好壞、有沒有精神，或是會在鄰座同事講電話時察覺到有麻煩要發生的跡象，或者直接看到上司或前輩的忙碌程度等……。

以上這些，都是在辦公室或身處現場、位於同一處所才能自然地獲得的「被動資訊」。而我們常常會從這種自然收到的被動情報中，來估算自己「出聲搭話的時機」。

然而，以遠端工作的環境來說，團隊成員們無法處在同一個空間裡。成員的狀況、與客戶的即時對話、回報或討論等等資訊，便無法自然地獲取了。

如此一來，**由自己「主動地去獲得資訊」，或反過來由成員「在感到困擾時，主動出聲反應」，都變得有其必要了**——尤其是後者。我們可以說，在遠端工作的環境下，「敢言」要素的重要性，變得更大了。

正因此，在許多職場中都實施著有效的對策，像是使用月曆工具來共享時程表，或設定閒談時段以便共享資訊等等。只是總也會有急需討論或工作卡住了……這類想要「立刻」就談談的時候吧？

在這種時候，心理安全感越高，特別是「敢言」與「互助」要素高的團隊，就越能直率地提出：**「現在有時間談談嗎？」**不論利用聊天工具、電話都好，不囿於上司、部屬關係，只要提出這樣一句話，就能主動地「獲取對方的狀況」，同時，還能讓對方得知「自己的狀況」。

以聊天工具來產生「敢言」或「互助」要素

你有下面這種——因為不易察覺對方狀況，想提出「現在可以討論一下嗎？」但又覺得不清楚狀況而難以開口，一直等到固定會議結束時才出聲的部屬；或是想要討論而寫了信件，但卻沒有獲得回覆因而認定「應該是在忙吧……」便如此擱置著的部屬嗎？我想應該在很多職場都有這樣的情況，而心理安全感高的團隊，在遇上「工作卡住」、「感到困擾」這類事態時，更能夠及早地共享資訊。

舉例來說，我的團隊會使用名為Slack的資訊共享（談話性）工具。當有成員在自己的工作遭遇瓶頸時，便會先在上頭留下：「我剛剛因為〇〇而感到困擾，像這種情況該怎麼做才好呢？」來**共享「工作卡住，遇到困擾了」的狀況**。

我們會特意在大家都看得到的開放領域（＃主題標籤），標示出自己想要請教的人的ＩＤ（＠標示）來提問。接下來，只要打個電話馬上就能解決問題，或者看到對話的其他人也可能會代為回答。**在已經確保了心理安全感的團隊裡，即便是在遠端工作模式下，也會同樣地好溝通並互相幫助**。

各位領導者，請告知你們的成員：「當工作卡住時，就馬上把『○○先生／小姐，現在有時間談談嗎？其實我現在……』等資訊投放到聊天群組吧！」

同時，領導者自己也要實際參與討論、從成員處獲取協助、傳達感謝，並對成員提出的討論加上「回覆語詞」來做出反應，例如：「這件事這樣做就行囉！」或「○○先生應該很瞭解吧，能請你看一下要怎麼做嗎？」

當你們累積了很多**「還好有提出來討論」的經驗**之後，部屬就會變得能更積極說出：「現在有時間談談嗎？」敢於提出討論要求了。

重點 「前置語詞」與「回覆語詞」

如同在「本書的使用方法」（第一六頁）中已經先說明過的，本書的語詞可以大致分為「兩類」——

① **促使對方行動的** 前置語詞

② **承受對方行動或結果的** 回覆語詞

我們用「前置語詞」，促使上司、領導者、前輩、同事、後輩、部屬、成員們行動，並以「回覆語詞」來承受所產生的行動或結果。

平衡地運用這兩者是很重要的，許多管理階層或領導者雖然經常以「前置刺激」來提示行動，但在行動過程中卻很少「回覆」，只有在較重大的結果出現時才會使用「回覆語詞」，所以有很多不平衡的狀態。

至此為止，第一章裡提出的**語詞1**～**語詞7**都屬於「前置語詞」；而從接下來的**語詞8**開始，就是「回覆語詞」了。

「前置語詞」的基礎是「簡明易懂」

能促進人們行動的，是「前置語詞」。

「配合受話者，說得簡明易懂」這一點，是醞釀出高明「前置語詞」的一大重點。例如，若是對新進員工說「先做個新創事業案出來吧！」這門檻未免就太高了點！

「**比起受話者已能有餘裕地達成的事項，更應該將再進一步的部分說明清楚。**」這樣做可以把成員的成長也著眼在內，成為清楚明瞭的良好「前置語詞」。

在「前置語詞」的應用上，有「提問」及「賦予行動意義」這兩者。

好的「提問」不但可以深化思考、增廣視野，還能根據目的是「更進一步深度思考」或「從不同觀點思考」兩方面，來區分使用。

至於「賦予行動意義」的部分，舉例來說，**語詞**6就屬之。「我對○○不太擅長，可以的話能拜託你嗎？」這樣的說法，能夠對成員的工作、行動，賦予「協助上司或領導者不擅長的部分」之意義。

總而言之，「前置語詞」是以「簡明易懂的門檻」為基礎，並加以靈活應用於「深化思考、增廣視野的提問」及「賦予行動意義」的語詞。

「回覆語詞」的基礎是「立即」與「承認」

以「前置語詞」讓對方行動起來，或者進行中的商業談判與計畫有所進展、成效、出現結果之後，能派上用場的就是「回覆語詞」了。

以「前置語詞」催化行動，第一次對方可能會實際執行。但事實上，若「只使用了前置語詞」，很可能不會出現第二次、第三次的行動。

人們接收到「把那件事處理一下」或「前置刺激」時，確實會展開一次行動。不過在那之後，如果沒有接收到感謝語詞或是回饋、就這樣被擱著的話，便可能會想：「是不是沒做也行呢？」「下回也非做不可嗎？」因而感到迷惘。

運用「回覆語詞」，確實地接收對方的行動或進展、結果，是能夠提振組織或團隊裡

「合乎期望的行動」的秘訣。

想有效地運用「回覆語詞」，有一件很重要的事。那就是對於對方採取的行動，**要盡量做到「立即」、「承認」**。「立即」並非指不拖延，而是在說當場出聲更有效。

至於「承認」的時機，有些領導者、管理職往往只在出現卓越成果或良好結果時才會表示認可，但「承認」一詞Acknowledgement，從英文的語源來看，還有著「注意到存在」的意思。

因此，請先承認對方以團隊成員的身分，「存在著」這一點。

另外，當成員努力卻進行得不順利時，可以說：「雖然結果如此，但還好有去做。」像這類能讓成員感受到「承認」的「回覆語詞」，就能使成員們「合乎期望的行動」增多。

（請參照第七六頁「重點」）

請活用「前置語詞」及「回覆語詞」各自的特長，來培養出心理安全感吧！

8

話助
挑新

✕ 感謝你的各種協助。

◯ ～這件事謝謝你了。

回覆語詞

想確實地表達感謝的時候

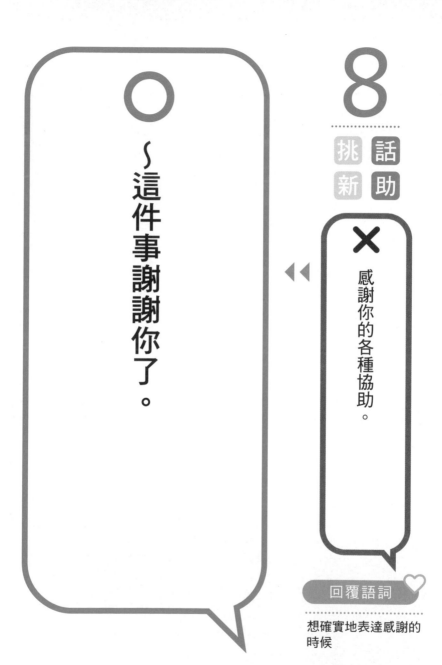

獲得成員的協助後，你是不是以為「有跟對方說句感謝的話就夠了」呢？**感謝時若能「具體地提到理由」，效果會很好**。

此處要留意的是像「感謝你的各種協助」、「諸事承蒙照顧了」這類把理由統整在一起、抽象的「總之，謝謝你了」的說法。

當然這比毫無反應要好一些，但既然都要道謝了，具體的「感謝」會比抽象的道謝更讓人高興。如果向人道謝時有「附上理由」，下一次對方也會更容易做出「理想的行動」。來看看具體道謝的例子吧。

「多虧了上次○○先生的會議紀錄，分條分項寫明，連沒有參加會議的我也很容易就能瞭解，統整得很好，謝謝你！」

被這樣感謝的成員，不但可能會在下次製作會議紀錄時，想著「這次也分條分項來統整看看吧！」甚至還會更進一步地摸索出讓閱讀者更容易理解的整理方式也說不定。

關於**「附上理由的感謝」**的重要性，在企業進修課程上我經常提到。當人在自己採取行動過後，收到帶有具體理由的感謝，會覺得「之後也再做會讓人感謝的事吧！」「把這件事做得更好吧！」甚至還可能會因為覺得「這樣子行動就對了！」而「打開了職場天線」，對工作變得敏銳起來。

開啟了職場天線之後，下一次面對會收到你感謝的行動，就很有可能又幫你執行，或者做得品質更高、更加精準。也就是說，**附有理由的感謝對於成員的成長是有貢獻的**。若成員有所成長，團隊整體的表現也自然會提升。

我自己也會用「都忙到沒時間了，還能抽空打電話跟客戶調整到好，謝謝你啊」或是「謝謝你確認日期還把候補的日子都列出來，幫了很大的忙」這類的話，面對面或透過電話、電子郵件、通訊軟體等方式，附上具體的理由來向成員表達我的感謝之意。

「你自己先考慮過後再來討論吧」是會讓部屬止步不前的詛咒話語

在接受提問或商談的時候，請先以「謝謝你的提問」、「謝謝你來商談」、「謝謝你的確認」來接受、表達自己**歡迎對方提出討論**。

至於「自己先考慮該怎麼做之後再來討論吧」這個說法，事實上是不太好的接話方式。

可能有很多人會覺得驚訝：「這樣講不好嗎？」不是都說「馬上回答資淺者的提問，會剝奪他們的思考機會，應該讓他們先思考」嗎？

話雖如此，但首先，還是應該增加討論的機會，在這個前提上，要先以「我覺得應該要○○，你覺得呢？」這樣的說法提升討論方法後，才更能順利進行。

培養人才要先從討論的「量」做起，再逐步以提升「質」為目標。

另外，對於已經成形的「正確做法」，直接用教的會比較快（例如：公司內規則或交換名片時的禮儀等等），像這些事情，傳授正確做法就足以使人有效率地學會。至於那些沒有正確做法、需要多思考的事務，與其讓人在缺乏知識、經驗的迷霧中從頭摸索思考，不如加入一起思考的步驟，才能夠成長得更快。

「謝謝你來找我討論，我們一起想想吧！如果是我的話，因為這個跟那個都很重要，所以應該會這樣想吧……。○○你覺得呢？」先以此話表示接受並做出提示，再說：「那，就依據這些內容，做個初步草案來試試吧！」來跟進協助就行了。請多加運用能夠促使成員往前邁進的「回覆語詞」吧！

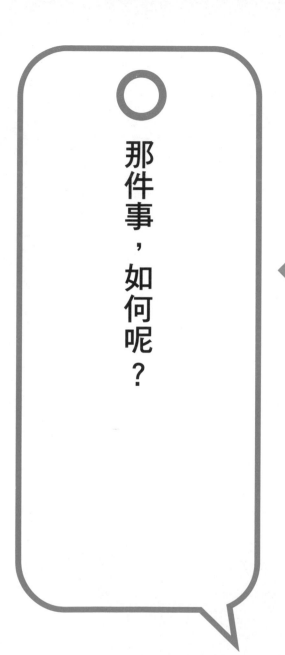

9

挑話新助

✕ 那件事，還不錯吧？

◀◀

○ 那件事，如何呢？

回覆語詞

進修、商談、簽約等結束後，與對方進行回顧時在企業內外舉辦的各種進修活動，是深化學習的絕佳機會。從禮儀到資訊科技技能，最近甚至連法令遵循領域（編註：監管業務執行全面合法合規。）的課程都有。

雖說如此，每當進修結束回到團隊，等在那裡的依究是日常業務的「風暴」。好不容易參加了有益的進修課程，但「進修與工作現場的連結」卻不甚順利——進修時獲取的知識，毫無能在現場派上用處的機會，這種情況還挺常見的。

想要避免如此情形，就需要在詢問感想時動點腦筋了。那就是，**要由領導者以「那件事如何呢？」這類「大問題」的形式，來向成員提出**。

這種抽象度高的提問方法，稱為**「開放式問句」**。由於回答的自由度高，作答的一方較容易率直地談論自己的想法或心情。這種提問方式能讓人獲取更多資訊，而且有機會連提問方預料之外的事項都獲得分享。

「參加法令遵循的進修辛苦你了，覺得如何呢？」

「雖然難以啟齒……但我覺得有需要及早開始從法令遵循的觀點，來重新檢視契約了。也立即向昨天剛簽約的那位客戶，說明一下會比較好。」

「謝謝你把這麼難開口的事情都跟我說了！可以再詳細點告訴我嗎？」

不只進修後的情況，成員商談回來時也一樣可以這麼問。

「商談辛苦你了，覺得怎麼樣？」

「這個嘛，有點不好開口……不過我覺得我們有必要重新思考提案內容。雖然去年為止節電功能都是決定因素，不過現在客戶的需求好像有所改變了。」

「啊！這可是很重要的情報啊！謝謝你，能夠再說得詳細些嗎？」

誠如上述案例所示，只要共享領導者不知道的原始資訊，就能及早擬定出對策（留意在回答的最後，使用了**語詞8**「理由＋感謝」及下一則**語詞10**要介紹的回覆語詞「再說得詳細些」，來表達感謝，以求瞭解得更多）。

相對地，像「YES或NO」、「A或B」這種回答二選一的提問方式，被稱為「封閉式問句」。「覺得好嗎？」「順利嗎？」「有用嗎？」都屬於這種問句。這類問句由於回答的自由度低，缺點就是難以引出對方「真正想說的話」。

還有，若這種提問方式重複過多，容易帶給對方「被責問」的印象。會導致聊不起來、沒有進展，並常常以形式上的對談結束。

重新回想一下在職業生涯裡，被上司提問「這次進修有用嗎？」時，回答：「……是的，有用……謝謝你……。」的經驗。或許換個問句，你能變成回想起那天，回答出了自己連想都沒想過的答案。

讓成員成長的開放式問句

當出現成果時，運用**語詞4**裡提到的開放式問句「什麼」（What），詢問「順利進行的要素是什麼呢？」能夠促使成員的成長。

「喔！很好！你覺得順利進行的要素是什麼呢？**」**

「這個嘛，首先是還好有明確地傳達了概念，其次是……。」

這樣的提問，能成為「用自己的話來將成功要素化為言詞」的訓練。而那些被言詞化的事物，就能夠做為團隊的資產被累積下來。

在失敗時責問「為什麼」其實沒太大意義；但成功時就該提問「什麼」，來提升「敢言」及「挑戰」要素。

10

挑新　話助

✕

這太勉強了吧！

回覆語詞

當實現可能性偏低的想法出現時

〇

這是嶄新的觀點！再說得詳細些。

當成員提出新想法時，請使用這個「回覆語詞」來提升「挑戰」及「鼓勵創新」的要素吧！

如果你提了個案子，卻被說「這肯定做不到」、不由分說便遭否定……。內心裡難免會產生「好不容易發言了……。」「現在起不做多餘的事了，安靜地照著指示做事就好。」這類的情緒吧？一旦感覺自己的想法或創意被踩碎，「鼓勵創新」的要素就會降低。

「歡迎發言」、「鼓勵新視角與新想法」的團隊——或說是「鼓勵創新」要素高的團隊，在成員發言之後，會出現許多**讓人感覺「還好我有發言」的「回覆語詞」**。

而這則「這是嶄新的觀點！」就是這類「回覆語詞」的代表性句子。

若再加上「再說得詳細點」，就能夠讓成員對自己提出的想法，朝向原本設想之外的範圍，開始更深入地思考。這是單純的想法能否得出「可實現的解決方案」的分岔點，也是「鼓勵創新」與「挑戰」要素相互連結之處。

舉例來說，若成員提出了「我覺得應該準備衛星辦公室、創造第三職場」這樣的想法，然而你覺得：「以目前經營階層的想法來看應該很難……。」這種時候可以應對如下——

「這是嶄新的觀點！可以說得更詳細點嗎？」

「這個嘛，如果要實際執行，首先要……。」

這個語詞的重點在於，不論你腦中浮現了多少「太勉強、不可能、做不到」的理由，都不該當場否定，而要試著聽對方說話。

自己跟成員的視角當然會有所不同，所以請別否定成員的視角，詳細地詢問傾聽吧！

以「我訊息」來開展對話

向對方所說的話語，可以大致分成**「我訊息」（I Message）及「你訊息」（You Message）**兩種。像「我認為～」「我這樣想～」這類以「我」開頭的句子，就屬於我訊息。

這句「這是嶄新的觀點！」若不省略掉主詞的話，會是「對我來說這是嶄新的觀點！」是以自己為主詞的句子。

這句話並非要表達客觀事實或提示絕對的正確答案，而是要傳達「以我來看，會這樣想」。對此，當與對方意見不同時，要少用會傳遞出「你是錯的」語感的句子，而是使用**「你是這樣想的，我是那樣想的」**這類擁有不同視角，讓對話容易開展的我訊息。

另一方面，與我訊息相對的「你訊息」，舉例來說就是諸如：「你就是這樣的啊」、「你的意見是好的／壞的」這類傳達出判斷或評價的言語。**這樣的語句有從普遍的看法或「真實」觀點來做判斷與批評的意思**，被這樣說的成員（即便最後沒有說出口）**容易表現否定或反彈**，回應：

「沒這種事。」「不，我是……。」

還有，我訊息會以「我是這樣想的」來承擔無法歸咎於其他因素的「發言風險」。本來，想法提供者就是以「我認為這樣做是對的」在承擔「發言風險」，然而你訊息不但無法明確表達自己的立場，也沒有承擔發言風險，在這樣的狀態下，「對話」難以產生。

你會使用我訊息來表達嗎？

不是「因為上司這樣說……」「因為公司這樣說……」，請多加應用以自己當主詞的**「我是這樣想的！」**這個說法吧！

11

話助挑新

✕ 糟糕了，該怎麼辦？

回覆語詞

當麻煩發生時

○ 那樣剛好！

不論哪種團隊都無法避開的，就是「失敗」（麻煩、意外、失誤）。
當你發現部屬的失敗時，會斥責他以避免再次發生，並且追究責任然後就結束了嗎？這樣做不但無法防止事件再度發生，還會降低團隊內的「互助」、「挑戰」要素，並損害心理安全感。
當有麻煩出現或接獲失誤報告時，有個可以維護在場全體成員心理安全感的魔法咒語。這句話就是：「那樣剛好！」

「很抱歉，借會議室的預約手續期限是到昨天為止，但我不小心給忘記了，出了一個很大的失誤……。」

「那樣剛好，……這是個試用其他會議室的機會啊！」

即使對麻煩或失誤再怎麼加以斥責、怒吼，已經發生的事情也不會改變。這樣做只會讓失敗的成員退縮、造成周遭人的不安，淨是壞處罷了。
如果你已經氣到想要把負面情感朝對方扔去，此時請先切換自己的心情。發生的事情就發生了，暫且不提，這樣才能夠朝著「如何建設性地解決問題」來進行談話。
當然，在發現失誤之後突然說「那樣剛好」，肯定會讓身為當事者的成員認為「什麼叫剛好啊！」而感到混亂，所以必須要先把「那樣剛好！」變成團隊的共通用語。例如，平時就說：**「從下次開始，如果發現有失敗或麻煩時，就先唸著『那樣剛好！』吧。至於為什麼要這樣說，是因為……。」**從將之塑造成團隊內共通用語的這一步開始做起吧！

把「那樣剛好」變成日常用語！

這是我應某家企業要求，以實體及線上「複合」形式舉辦心理安全感進修課程時的事了。課程才一開始，我們很快就發現有狀況，在線上聽課的學員們似乎都聽不到聲音。（若換成是你，會怎麼做呢？）

在我眼前的，是實際來到會場參與進修課程的數十位管理職，於是在聲音重新連接上的前幾分鐘裡，我以「那樣剛好」為前置詞，說了以下這些話。

當敝公司發生這類的問題時，我們總會先唸出「**那樣剛好**」。情緒化地就發生的事情斥責某人，這樣做其實一點用處都沒有。而當我們唸著「那樣剛好」時，會開始思考：「現在能做些什麼？」接著便會有建設性地浮現出「**集中在能辦到的事情上的想法**」。我想利用這段時間，跟各位進行一些破冰活動。

即使是遭遇突如其來的麻煩，也要冷靜下來，暫時不去管它並探求「現在能辦到的事」，因為重要的是從原先的預期或想定中切換過來，以求改善事態。我趁著狀況的發生，把這樣的訊息，直接傳達給眼前參加進修的學員們，讓他們更有實感。（當然線上的學員們，之後也會跟進這部分的訊息。）

附帶一提，這句「那樣剛好」已經是ZENTech公司內部的共通用語了。由於使用得很頻繁，還**演變出簡稱「那好」**。不僅內部線上會議裡會應用，公司內部使用的溝通APP甚至還做出了原創的「那好」貼圖，越用越頻繁。

容易表達發生失誤（敢言）、問題由大家來應對（互助）、不論任何狀況都讓它好轉起來（挑戰與鼓勵創新）——「那樣剛好」不只是四個字，它是四種心理安全感要素齊備的通關密語。

重點

心理安全感不可或缺的「四個承認」之區別運用

在前面的重點「『前置語詞』及『回覆語詞』」（第五六頁）中，提及了「回覆語詞」的重點在於「立即」與「承認」。其中「承認」還可再細分為四種，分別是：「**① 成果承認**」、「**② 行動承認**」、「**③ 成長承認**」、「**④ 存在承認**」。

在營造心理安全感的過程中，適當地運用「承認」，是非常重要的。

① 成果承認

最常見的承認類型，是對於進行事項的結果或成效加以承認。「對達成目標及預定的評價」、「對計畫成功的讚賞」等，都是「成果承認」的具體表現。這是一種**即便沒有目睹本人的努力或過程，但只要掌握數值與結果就能夠進行的承認**，例如：在期末結果出現時，才能對做出結果的人進行的，就是「成果承認」。

例：「達成這一期的目標了，恭喜你！」「這是份很棒的企劃書啊！」

②行動承認

即對於「行動自身」的承認。在成果還不是很明朗的階段，這樣做可以增加與獲得成果相關的、合乎期望的行動。

行動承認並非是要褒揚結果、成效或品質。此承認的對象並非是意見的好壞或挑戰的結果，而是要對「發言、挑戰」這類的**行動本身**，立即傳達承認的意思。

例：「新的會議進展方式，是很棒的嘗試！」「謝謝你提出意見！」

③成長承認

這是指把時間軸拉長來看，對該成員過去與現在進行比較後，承認其有所成長的表現。總是難以獲得成果時，人們對於「是否在朝正確方向前進」一事，會感到不安，因而停下腳步。「成長承認」能夠傳達「你朝著正確的方向成長中」的訊息。只要提及其行動的質與量、速度等都有所提升，就可以了。

例：「服務說明的部分，變得特別好啊！」「能夠用這個速度做出企劃書，看來你掌握到訣竅了呢！」

④存在承認

對「存在於那裡的事，其本身」加以承認。

其實，或許是沒有必要直接表達「謝謝你在我們公司」、「謝謝你在會議上」，不過「存在承認」的概念，說起來也就是如此了。

這也有點像是對熟悉的人點頭或叫名字打招呼，藉由搭話讓對方出現些微變化。尤其是對職場資歷淺、正停滯不前的成員而言，「存在承認」可以讓他們獲得「我可以待在這裡」的安全感。

由於這種「存在承認」並不是就對方獲得的結果、行動或成長做出的承認，所以實際上來說並非是行動「後」才可運用的「回覆語詞」，而是在行動「前」使用的「前置語詞」。它能夠提升「敢言」及「鼓勵創新」的要素。

例：「○○先生／小姐，早安。」「咦，有點沒精神啊？怎麼了嗎？」

要更留意「成果承認」以外的類型

我提出「要承認成員啊」這個要點時，曾遇過有人苦著臉這樣回答我：

「可是就真的沒有可以稱讚的地方啊……。」

越是熱心的領導者，越可能會這樣說。

這其實是**落入了承認的陷阱——是一種過於重視「① 成果承認」時會掉入的陷阱**。

想要持續獲得滿意的結果或成效，對誰來說都不是件很容易的事。因此，如果只懂得做出「① 成果承認」，就會變成「不會稱讚人的領導者」。為了打造出心理安全感高、能提出意見、會互助、勇於挑戰的團隊，重要的是，要更著重於「② 行動承認」、「③ 成長承認」、「④ 存在承認」。

在此特別建議要著重的是「② 行動承認」。一旦對方做了些什麼，就運用本書裡介紹的「回覆語詞」立即做出反應，讓對方沐浴在承認的洗禮當中吧！

至於「③ 成長承認」，則會在定期回顧，或一對一的情況下發揮功效。

下面收錄了關於四種承認的插圖，請參考並加以活用。

② 行動承認

「四種承認」

④ 存在承認

① 成果承認

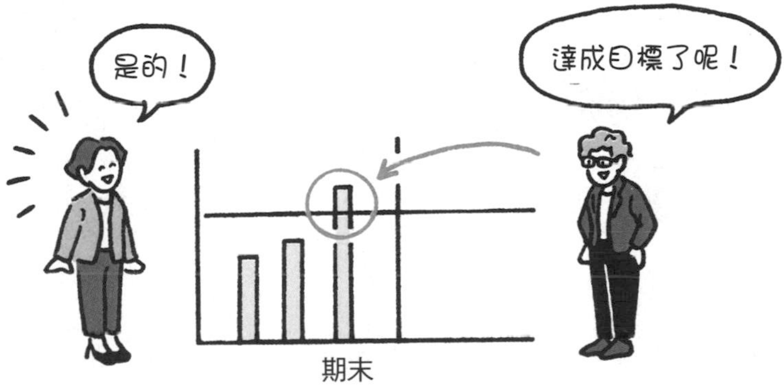

區分運用

③ 成長承認

第2章
沉默退散！讓會議活性化的語詞

「就算用會議召集了大家，討論也熱烈不起來。」

「變成單方的發表會、報告會了。」

「雖然想要徵求意見，但都沒有自創的想法。」

我經常聽到像這樣的煩惱。

另一方面，成員們也有些想說的吧：

「當第一個舉手的，總覺得會不好意思。」

「陳述意見的話，只會增加自己的工作。」

本章要介紹各種有助於消除彼此認知差異，並把會議現場轉變為有益於心理安全感的意見交換場合之語詞。

12

話助 挑新

✕ 什麼都可以，盡量提出意見吧！

前置語詞

想賦予會議心理安全感時

〇 本場合的心理安全感，由我來擔保。

這真的是一句很直接的語詞啊，如果在會議一開始就使用，會很有效。

這句話由領導者來宣布，能夠提升「敢言」的要素。除了成員自身更容易發言，對於其他成員的意見，也會更確實地傾聽。

「領導者都說了，不會不分青紅皂白地就否定我的意見，那麼應該也不會否定其他成員的意見吧？這樣的話，我也別否定別人的意見吧！」

特意宣布這句話的好處就是具有讓人直率地這樣想的效果。

「這裡是保障心理安全感的地方，是不論有什麼意見、想法都但說無妨的地方。即使有關於失誤或麻煩的報告，這裡也不會是『罵人的地方』。要說的話，這裡是『討論如何有進展的地方。這裡的心理安全感，由我來擔保。」

卡樂比（Calbee）股份有限公司的常務董事兼CHRO、人事總務部長，同時也擔任ZENTech外部董事的武田雅子女士，在每次會議開始時，都會如上述案例那般地宣告這句語詞。

有意思的是，隨著她持續宣告這句話，周遭開始漸漸地出現了變化。

在會議裡，即使出現會威脅到心理安全感、讓周遭人退縮的發言時，參加的成員也會吐槽：

「聽說這裡是會維持心理安全的場所呢！」在武田女士本人沒有參加的會議上，司儀也會先行提示「本會議進行時，請留意維持心理安全感」……。相信這樣已經足以說明，「心理安全感的保證」能夠增加當事者的信心，也確實是應該受到鼓勵的做法了吧！

如果你準備實施心理安全感的對策，或者有新成員加入而其中有人對「心理安全感」不太理解時，請參考武田女士的案例。一旦這個想法深入人心，將來就算只說「本場合的心理安全感，由我來擔保」這樣一句也就足夠了。

心理安全感是由「全體參與」來營造的

應當構築心理安全感的，是團隊中的每位成員。

即便再怎麼優秀的領導者，缺乏成員的協助，也是無法在組織、團隊裡培養出心理安全感的。既然都得把成員一起帶進來了，那麼上司就有必要把「團隊心理安全感是當真要做的」這件事傳達出來。

想要達到這個目的，重點在於持續實踐。例如以上述的宣言開始，持續使用本書中介紹的各種「語詞」，透過維持這些行動來傳達對於這件事的認真看待。

另外，這對想加速達到「全體參與」，或者在「環境面」的整合也很有效。確實許多企業都已經很自然地使用著「要意識到〇〇（重要的事情）！」這樣的用語。不過，如果只靠這樣就能讓大家持續意識到某件事情，那也不會那麼辛苦了。

因此，你可以**「在會議一開始，每次都宣示」**、**「在辦公室或會議室容易看到的地方張貼標語」**、**「把視訊會議工具的背景影像設定成標語」**等等，**如此藉由提示來「增加意識到的機會」**，對於實際上改變人們的行動是很有效的。（本書特別附錄有可供列印運用的工具，請參照第二五頁。）

13

話助挑新

✕

可能有點趕，但沒時間了，直接從第一個議題開始吧！

前置語詞

在會議開始時

〇

這個會議的目標是〇〇。

「這場會議的目標是這個！」請從共享、確認目標開始進行會議，如此將會造就一場全體參加者都容易開口說話的會議。這邊所說的「目標」，是指在會議結束後，應該變成什麼樣的狀態，可以分成下表中的五個類型。

會議的目標

【共享】能達成資訊的共享與瞭解

進行報告，確認資料或分析結果、互相提出假設、瞭解影響範圍等。

【擴散】想法的擴散

對想法進行腦力激盪、討論方針、從對方的視角來思考、檢討其他視角及手段、說明，討論或委託或共享資料位置等事項。

【整理】排定優先順序

考慮急迫程度、重要程度，整理時間軸與任務的關係，檢討成本、風險、回報等。

【決定】決定是否要做

要做、還是不做，決定是否要繼續評估。

【過程】就推展方法取得同意

確定工作分攤及時程表，決定監測指標或下一次的檢查點。

這裡我們把目標區分為五個種類，【共享】【擴散】【整理】【決定】【過程】。不過，舉例來說，雖然每週舉辦一次的會議可能是以【共享】為中心來進行的；但當偶爾出現什麼重大問題時，就會變成以【擴散】來找出能夠解決的想法，並以【整理】來決定優先順序、討論與其他部門的聯繫合作，然後以【決定】來承認解決的方針，最後用【過程】來同意應該由誰負責哪個部分——有時候確實也會出現這樣異於平時目標的會議。

「今天會議的目標是『【共享】【擴散】討論新的促銷方案』及『【整理】【決定】新商品的宣傳用語』這兩者，雖說這些項目也可以用電子郵件來傳達，不過我們還是決定要以會議形式來進行。」

就像這樣，看當天的會議是要依【共享】目標，來各自進行報告、讓大家對狀況有共識就好；或是要召開個【決定】會議，來決定某些事項。只要瞭解目標是什麼，就容易召集相應的成員來參加，也容易就該目標來提出意見。

雖然在人數較多的場合上會有些困難，但也有團隊會以電子郵件或談話工作來完成【共享】

的基本部分，其他四者則集合成員來進行。

加入目標，確認「重要事項」

截至目前為止，提到的都是「會議目標」，在此建議還要「在會議開端就確認好『重要事項』」。所謂「重要事項」，舉例來說就是諸如：企業整體的任務（使命、企業理念）或目的等。在這些事項太過寬廣的狀況下，確認組織或團隊有無認真看待是很有幫助的。

如果你們是業務組織，此重要事項可能是「藉由業務活動，把客戶變成『夥伴』」；若是法令遵循單位，就可能是「不僅只是守法，還要確保『做一間好企業』」。

在團隊當中，有著各式各樣的人。年輕人、快要退休的人、剛轉調過來的人，或者當下正因成果或業績不佳而感愧疚的人……。為了讓屬性與狀況都完全不同的成員們能夠朝著同樣的方向前進，擁有共通任務、設定意義是很重要的。如果你們還沒辦法明確表達出來，請另外設定時間來與團隊談論「對團隊來說重要的事項」。

一旦團隊裡的「重要事項」足夠明確，光只是說句：「對目標及重要事項有意見的人，請試著說出來吧！」就能夠提升「敢言」要素，讓會議活性化。

14

話助挑新

前置語詞

沒有想法出現時

✕

我會點名發言，每個人都要提一個想法喔！

◯

由於需要一些時間，請先寫出來吧！

以心理安全感的見解來看，會議的本質目的在於，「從參加會議的全體成員身上，募得更多的意見與想法」。為什麼這麼說呢？原因就在於——每當「健全的意見衝突」發生時，總能從中產生意料之外的好提案。

也就是說，如果你沒有從一開始就汲汲追求「完美的正確解答」或「優秀的想法」，而**「讓全體從一開始就盡可能提出更多的意見」**，包括那些超出常理的意見在內，那麼就**「遲早會出現優質的意見」**——能這樣朝目標逐步接近是很重要的。

雖說如此，在邁向擁有心理安全感的團隊的過程中，出現遇到困難議題時，「敢言」要素還很低、難以活躍交換意見的情況，也是沒辦法的事。

於是乎，主管就一個個點名來發言……相信很容易就會變成這種情況吧！但這樣一來，會議不是就變得更不活性化了嗎？

替代的做法是，「姑且，**先讓每個人把手頭上有的事項或想法寫出來吧**」。

「帶著意見來參加吧」像這樣事前提出要求，當然也是有效的。如果在會議中想要蒐集意見，先空出幾分鐘時間，讓開會者「當場動手把想法做輸出」，也會非常有益處。

就由負責掌控會議進行的人提出「主題」（提問）；讓其他人在手邊的筆記上，分條分項地寫下並整理吧！

若有的人以智慧型手機或筆記型電腦等裝置打字比較快，也可以使用這些工具。總之，不管有什麼想法，全都寫下來吧！

自我腦力激盪讓團隊也活性化

總而言之，讓大家先做一個人的腦力激盪（Brain Stroming，增加想法數量的方法）吧——也可以稱之為**「自我腦力激盪」**。數分鐘後，再讓成員們分別以「出聲朗讀」的方式發表——這能讓會議進行地格外順利。

或許有人會覺得這樣做有些多此一舉，說不定還覺得會議的流程都停滯住了。但是比起重複著「欸，這個嘛……」這種「邊思考邊發言」的方式，「先寫出來」更能夠讓人在同一段時間內進行共享，而成員的想法輸出總量也會更多。即使是團隊合作，個人的思考也是很重要的。

NG案例

「最近在商談時有遇到什麼樣的詢問呢？喔！我感覺到A先生那邊有股『想要發言的氣氛』，能請你來談一下嗎？」

「是的，關於這個呢，我遇過很多。那個……雖然在工作日誌上每天都提出、也寫了不少，

但現場要說的時候，卻說不出來，不好意思。」

OK案例

「那大家從現在開始，請花五分鐘，把商談時經常遇到的提問給寫出來。稍後就從A先生開始，順時鐘發表吧。」

這個方法，在遠端會議上也很方便。例如，可以**「一起打開Google文件來寫入」**、**「活用應用軟體的聊天機能」**等等。平常不積極發言的人，在聊天軟體上就能寫得很多的情況也不少見。這些被寫下來的內容，在領導者（司儀、會議主席）看過之後，如果還能運用「回覆語詞」來回應，如：「○○先生寫下的內容，我覺得很有意思。」「很棒喔，○○先生，謝謝你把這些寫出來。」等，就最好不過了。

別依照發言內容的好壞來依次回答，而是要對於行動自身以「回覆語詞」來妥善地表達出行動承認（請參考第七六頁「重點」）。

15

挑話
新助

✕

嗯……這樣做會順利嗎？

回覆語詞

對於成員提出的想法有疑慮時

○

謝謝。

也來聽聽其他人的想法吧！

在提起前一則**語詞14**，「寫下意見並發表出來」時，有些人會詢問：「可是，如果出現的都是些品質差的想法或搞錯重點的意見，那該怎麼辦？」我的建議是，就算是乍看之下「搞錯重點」的意見，還是要先寫在白板上面，或者各自以便條紙寫下想法後回收，並且都留存在共享文件上。

對於意見先不要判斷好壞，而是讓所有的意見都被列出，然後再從其中選出「最佳解答」，或是融合不同意見，並升級成新的意見。

本則**語詞15**的效果，正可以讓發言者的心理門檻很大程度地降低。好不容易想出來的意見，確實本來就有可能會被領導者或前輩們看出有疑慮或難以執行的地方。然而若在此時聽到：「嗯……這樣做會順利嗎……？」不僅提出意見的本人無所適從，就連其他成員也會變得難以再提出意見來。

所以我經常說：「**要區分對『發言行為』或『發言內容』的反應**。」我們想要增加的，是「發言」這個行為。因此，即便感覺似乎搞錯了重點，也應該先就發言行為本身表達「感謝」之意，這樣才能更順利地傳達「歡迎發言」的意思。

可以加用**語詞8**裡所提到的，說「謝謝你提出意見」並附上實際理由，這樣會很有效。之後再說句「也來聽聽其他人的想法吧」，就能夠讓會議現場「敢言」的程度變得更高。

話說回來，成員們光在募集提案的時候，便已經緊張地想著：「不是好提案的話，不能說出來……。」這種情況，恐怕就是至今為止常用的**「領導者式號召」**所要面對的問題吧！

經常被詢問：「沒有好想法嗎？」「有沒有什麼好意見？」長年累積下來所養成的習性，就會使得人們容易認為：「非得說出『正確解答』才行。」

即使是負面意見，也要傾聽

「讓我們來腦力激盪，看看要如何增加被介紹來用新服務的客人吧！」

「我負責的現有客戶前些日子曾經說過：『雖說想幫你介紹，但不知道該怎麼跟親友說才好啊！』該告訴客戶怎麼說才好啊……？」

「A，謝謝你。也來聽一下其他人的意見吧。B，你覺得呢？」

「從我負責的客戶那邊得到的建議是，在拜託人介紹時，如果有傳單可以直接交給朋友，這樣或許對介紹會有幫助。」

「原來如此啊，B，謝謝你。能夠再說得詳細一些嗎？」

請相信「多元化能夠提升品質」，把所想到的提議全部都提出來吧！如果還想在各種意見中引發化學反應，請一併參考次頁**語詞16**的說明。

我很能理解，當想法太多時，容易產生「要是無法統整怎麼辦？」的不安心情。但是，現階段還屬於**語詞13**裡提及的「會議目標」的【擴散】、【整理】階段；統整工作則是在下一階段【決定】時才要處理。所以，首先請讓意見或資訊都盡可能地被提出來吧！

成員們在最前線，會獲得許多「原始資訊」及「最新情報」。或許領導者本來未能察覺的變化徵兆，事實上是能從中捕捉到的也不一定。獲取越多成員所持有的資訊，就越能讓團隊整體的決定品質更高。

在決定階段中，運用「既然意見都提出來了，最後就由主要負責人的○○先生來決定好嗎？」這種方法，來越過同意步驟也是很好的做法。

16

話助
挑新

✕

總覺得……好像無法統整耶！

回覆語詞

各種意見零零落落地被提出時

〇

有沒有能夠組合以上想法，讓事情順利進行的意見呢？

在心理安全感狀態中，尤其是「敢言」要素過高時，有些管理職會因為覺得：「這不是統整不起來嗎？」而感到擔憂。這種時候，從**「綜效」（Synergy）**的觀念來思考，就會更容易進行。

「綜效」也可以稱為「加乘作用」，意指兩個以上的人事物**相互作用、讓效果或功能提高**的狀態。以職場上來說，就是指複數成員就各自視角或意見互相議論、加以組合，比起只有一個人思考，能夠產生更大的附加價值或成果。

當然，將領導者所決定的事項公告周知「就這樣做！」對領導者來說在溝通上或許會輕鬆很多。然而就算是領導者，也會有許多事情，並不知道該怎麼處理才對。

特別是重要方針、意思決定，以及往後將長期產生影響的事項，透過討論、整合團隊全員視角或意見，得出富「加乘效果」的目標，從中長期來看會有更大的好處。

下一頁以兩個並列的三角形圖案，來說明「綜效」。

假設在你的團隊裡有A先生與B先生兩個人。他們想法上共通的部分，就如同圖片所示的「共通部分」（兩個三角形的重疊處），範圍並不大。

然而，將兩人的意見加以組合、累積有建設性的討論後，隨著彼此的「差異」明朗化，就可能會出現「從差異裡衍生的新想法」。

這個因為有兩人份的視角，才得以誕生出來的想法，正如插圖左側的「化學反應」部分。

只要像這樣，讓綜效發揮作用，決策就不會只偏向於某方的意見，而是能夠從變得更大的三角形中，選出最為適合的想法來。

「在已提出的眾多意見當中，有沒有能夠組合以上想法，讓事情順利進行的意見呢？」

每當我提到「三角形比喻」，就會遇到如：「要是出現完全沒想到過的意見，要怎麼辦呢？」這樣的提問。

的確，照著這樣做，因為相異的意見衝突產生化學反應，「出現預期外的討論結果」，接著「出現預期外的決議案」發生這類事情並不罕見。由於這樣的作法與「確實地做好事先溝通」是完全相反的，所以許多傳統企業經常都不願採用。然而事實

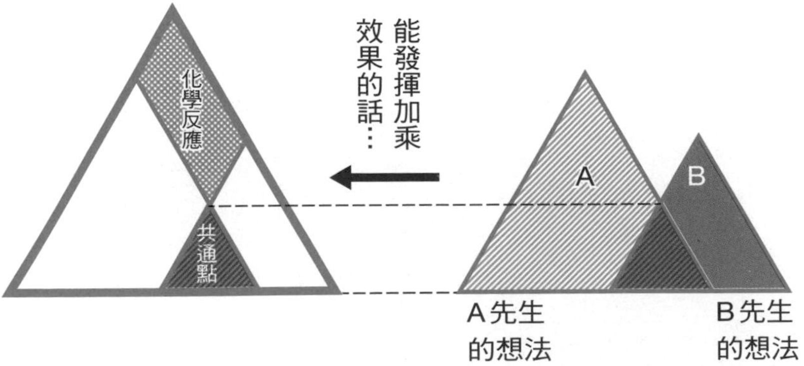

上，這才是在變化激烈的時代裡，所應該追求的「會議」類型，是一種理想且充滿妙趣的型態。

如果要朝著「最初就決定好的結論」進行，那只要用電子郵件把決定好的事項公告周知就好了吧？

「會議」這個場合就是「為了獲得無法獨自一人導出之結論」，能掌握這一點，享受其中的混亂、衝突、預期外事項，並且持續推進會議是很重要的。

另外，「綜效」有個相對詞「負綜效」（Anergy），指的是「兩種要素組合後，結果導致價值降低了」。在這種狀況下，單只有「共通點」有了著落。雙方的意見雖全數吸收了，卻陷入「不知道該按下哪個電視遙控器按鈕」般的妥協點迷惑當中。

為避免「負綜效」，請把達成實現「綜效」當成目標吧！

17

挑話
新助

不太瞭解是什麼意思。

因為想瞭解所以提問，能再多告訴我一些嗎？

回覆語詞

當討論白熱化，自己與對方產生意見衝突時

在任何人都能提出意見的高心理安全感團隊裡，有時候難免發生意見上的衝突。議論白熱化時，也常常會出現「搞不懂這是什麼意思！」或「你還是不瞭解啊……」這類的句子吧？

然而，這樣的發言會讓會議氣氛變得險惡，降低「敢言」的要素。在這種情況下進行的議論，不太可能產生出好想法。

「搞不懂這是什麼意思」其實不單只是一個否定詞語而已，這種想法還是個可能**深入對方意見的背景由來**等等，足以產生健全意見衝突，有助導出有價值目標的機會。

而在這時候，可以派上用場的「回覆語詞」，就是：「因為想瞭解所以提問，能再多告訴我一些嗎？」

重點在於，**要傳達出「想要瞭解」的意思，這樣對方才容易說出自己所想的意見**。

有同樣功能的語詞還有以下這些：

「你能把我當成客戶來說明嗎？」

「你能把我當成是對該領域一無所知的人，來進行說明嗎？」

如此一來，許多一開始認為「搞錯重點的想法」或「古怪的意見」，在共享意見的背景或著眼點、思考過程之後，基於該背景而建立的新想法或許就會出現了。

為何意見的對立令人畏懼

為什麼人在缺乏心理安全感的狀態下，對於意見的衝突會感覺到懼怕呢？這是由於「意見的對立」往往會轉變成「人際關係的對立」的緣故。就算只是業務上的意見認知有出入，在當事人之間也常常會被認為是「對人不對事」，甚至還可能會影響到人際之間的關係。

結果，就會出現「我被〇〇先生嚴厲指責了」、「〇〇先生跟我合不來」、「我覺得〇〇先生肯定討厭我」這類的想法或情感，使得修復人際關係漸漸變得不可能……。

這樣的事例不勝枚舉，或許你也曾經看過這種事情，甚至曾經身為當事人之一吧？

由此而產生的糾紛，對於組織或團隊來說當然是不樂見的。然而，**過度懼怕人際關係的對立，或是持續避免發生意見衝突，對於工作進展來說會是個問題**。舉例來說，即便察覺到上司的方針裡有致命問題，卻依然回答「我覺得這樣好……」——這種「明明有人察覺到問題了，卻說不出口」，便是偶爾會帶來大麻煩或貪污問題的一個重要關鍵。

因此，「為了防止麻煩發生、為了提升業績，應該要讓意見能夠自由地衝突」。這裡所指的，並非是「讓人際關係對立加劇」的衝突；而是讓能保持心理安全感的綜效得以產生的衝突。換句話說，「健全的意見衝突」（Healthy Conflict）是很重要的。

「健全的意見衝突」是團隊成長不可或缺的

健全的衝突是指，朝著有價值的目標，提出所有多元意見。我的團隊會議便是如此，我們會有意地將話題引導給還沒發言的成員。即便出現「是不是有點離題了？」的意見，也會運用「因為想瞭解所以才提問，能再多告訴我一些嗎？」這句話，來引出更多人的意見。

使用這則「回覆語詞」，以發言量均衡為目標，從經驗比較淺的成員開始依序徵詢想法，就能讓成員們更容易發言了。

18

話助挑新

✕ 為什麼沒做到呢？

回覆語詞

沒能出現所想要的結果時

○ 讓我們一起來回顧，
嘗試過後所得知的事情吧！

請試著想像一下，在報告及共享成果或進展的會議場合上。

其中也常有一些未如預期的內容吧？此時若詢問：「為什麼沒做到呢？」不論是對心理安全感、會議的活性化，甚至提升成果等方面來說，都沒有實質的效用。

語詞4的解說裡曾經提到，人被問到「為什麼？」時會思考停滯，並直覺以「不好意思」來表達謝罪或後悔。這時詢問「什麼」、「哪裡」來代替「為什麼」，將更能夠掌握狀況。

而在這邊要介紹的是，如何詢問出**努力後的「收穫」**。這個語詞的目的是讓「採取行動的本人」，把只有實際做過才知道的體驗或資訊化為言語，在會議場合裡共享出來。目標是要透過共享，來加深團隊對其學習結果的理解。因此，**即使是已經獲得成果的情況，這樣的詢問還是很有用處的**。

接下來請試著用具體案例來思考——假設在負責人力資源發展的單位裡，有位負責新人培訓的成員。假如現在我們就成果來詢問他：「這次的進修活動，參加者似乎都不怎麼肯提出意見，怎麼會這樣呢？」大概也只會收到「是……很抱歉」或者「今年的新人都很安靜……」這類的回應吧。

讓我們參考接下來的案例，試試不同的做法。

「讓我們一起來回顧這次新人培訓，那些嘗試過後所得知的事情吧！」

「這部分呢，正如預料地新進人員們並沒有提出什麼意見……不過聽了參加者們的談話後發現，他們覺得〇〇這樣的問法，實際上會讓他們很難回答。」

「原來如此，那就讓我們來思考看看，運用怎麼樣的提問方式，才可以讓人比較容易開口回答吧！」

在會議中，試著掌握「回應式提問」

如果即便已經詢問「請告訴我那些嘗試後所發現的事情」，得到的回應依然是「沒什麼特別的」，那也無妨。請參考接下來的案例，試著更進一步去發掘吧！

「雖然A你說並沒有什麼特別的部分，不過如果要你說有什麼『收獲』的話，那會是什麼呢？就算是對公司說起來不妥的事情也無妨，請你想看看。」

「嗯……這有點不太好開口，有客戶告訴我，我們的商品跟競爭對手有相較之下不足的地方。讓我聽到之後覺得銷售有點不太好推了……。」

「是這樣啊！我覺得這是件應該找開發部門共同來改善的大事。」

像這樣能夠發掘出「收獲」的問題、提問方式，都可以稱為**「回應式提問」**（把自己的想法或考量告訴對方，並以收到的反應為基礎，進一步深化思考的一種手法）。在會議上不使用指責人的語調，而是採取能夠引出學習、收獲內容的這種「回應式提問」，有助於提升團隊的「敢言」及「挑戰」要素。

實際上，我們正工作著的這個時代裡，有許多「沒辦法一如預期的事」或「預料外的事」正持續發生著。

這已經是個得把「難以避免」當成前提的時代了。

如今，我們已經不允許把時間耗在因為失敗或麻煩而變得低落，或者用來反省了。反之，我們更應該要把握這個概念，**將「預料之外的事情」當成「能夠察覺變化、以修正軌道的學習寶庫」**。

請你參考這個「回覆語詞」，讓自己即便遇到預期外的事情，也能從「現實」裡發掘出資訊、與團隊共享「得知的事情」，彼此並進地學習吧！

19

挑新 話助

✕

也請考慮我的立場啊！

從○○的觀點來看，我是這樣想的。

回覆語詞

從自己的立場來看對方意見，有所擔憂或反對時在會議上，也會遇到與立場不同的人發生爭論的情況吧？例如：業務部門與開發部門間、集團部門與事業部門間……由於立場不同，所承擔的任務（使命、角色）也不同，經常會有難以整合意見的情況發生。

明明只是立場不同，但在我們的想法裡卻會逐漸變成「對方的意見＝對方自身」，進而感到「跟那個人說不通」、「那傢伙就是不懂」、「他真討厭」等等，容易就將對意見的看法轉成對於對方的評價。本來對方只是就自身角色與立場，秉持著責任發言而已，沒想到卻發展成人際關係的衝突及問題，這會使得組織間或團隊內外的心理安全感下降。

遇到像這樣的時刻，建議不要拚命地說「請理解我的立場」，而是先**「讓自己與意見之間稍微拉開些距離」**，並使用上述語詞來表達。

把「身為某種角色所持有的觀點」當成主詞

當利害對立、可能產生衝突的時候，若使用「這樣做的話，沒辦法順利進行吧」、「如果這樣做呢」這類語句，容易演變成「個人VS個人」的對立。不過，如果能把對話轉換成「課題或目標VS〇〇的立場」這樣的結構，就能夠帶來「敢言」、「鼓勵創新」要素更高的討論了。

具體來說，就是把「我～」這樣的主詞替換為「從〇〇的觀點來看」。

「新商品的推出要設定在何時呢？如果可能的話希望本季就能夠累積些成績，所以我們覺得早點推出會比較好，目前是暫定於連假前推出……。」

「時程方面就由你們決定。只是從宣傳的觀點來看，由於是以企業為目標的商品，所以應該要避免在連假開始前推出新產品，畢竟各企業這部分的負責人在連假結束之前也不會有動作啊！」

再來看看另一個案例。

「這個包裝如何？雖然設計得簡單卻很符合潮流。」

「這麼新潮的設計很棒啊！不過，請聽我從業務觀點來說一下，這樣產品放在店面跟其他商品並列時，可能會被其他公司的商品給埋沒，感覺不是很顯眼。」

「不夠顯眼的話確實是很困擾呢，那麼，就回到華麗的那一版吧！」

如果在想傳達「顯眼一些會更好」的意見時，直接就以「我覺得這不夠顯眼」來提出，即便是正中紅心的意見，對方也很難聽得進去。

不過若改成「以業務的觀點來說……。」用這樣的語句，讓對方理解並接受「這無關發言者個人好惡，而是從業務角度在提供意見給我」，對方就會覺得「那就聽聽他怎麼說吧」，因此比較容易進行建設性的討論。

團隊往往如同下圖所示，乍看之下每個人都各自說著不同的話，但還請想起大家都是想要安全地朝向目的地前進，身在同一條船上的夥伴！

零零亂亂地朝著目的地安全前進的夥伴們

重點

遠距工作也能建構「心理安全感團隊」的訣竅

「遠距工作增加，經營團隊、團隊合作變得困難了。」

我聽過這樣的說法。所以這邊要整理一下，在遠距工作下營造有心理安全感的團隊，與實際上面對面（實體會議）時的差異處。

正如在**語詞7**「現在，有時間談談嗎？」裡所提到的，遠距工作時無法自然地察覺到同事的模樣。

因此更需要不吝惜語言溝通。請捨棄「就算不說也應該知道吧」、「對方應該能瞭解吧」等等想法，盡力用話語來溝通吧！

線上接受商談時，要仔細記載下來的不僅是解決方針的行動而已，其他像是：為什麼你會認為那樣做才對？包括理由與目的都很重要。而提議商談的一方，若有不瞭解的地方，也不能就此放著不理，請更進一步追問：「這邊我這樣理解是對的嗎？」「關於這一點，能再詳細地教我嗎？」「下次再出現同樣的事情時，我希望能夠自行應對，所以能請你連同目的和用意都一併教我嗎？」

線上作業，在「確實回信」前，先做出「立即反應」

收到確認企劃書或成品的電子郵件時，有時候會需要相當長的時間閱讀內容、做出判斷後才能「回信」。像這種情況，應該先回以「謝謝你的企劃書，下週一之前我會確認完」這樣的語句，「立即反應」自己收到信件，也表達對進行之作業的感謝之意，這樣能提高發信者的心理安全感。

在怠於做出「立即反應」的情況下，尤其是遠距工作、看不見彼此忙碌情形時，發信者難免會朝著負面的方面去想像。例如：「或許是我的內容做得不夠，讓他發怒了也說不定。」「是不是我搞錯了什麼重點？」「我被討厭了嗎？」

這樣一來，就會陷入商談或提問減少的惡性循環當中。因此首先要做的是，使用「我知道了」、「謝謝你想到這些」這樣的語詞，「立即」做出回覆。

讓線上活動活性化的六個訣竅

不論公司內會議，或公司外的商談，線上會議已經是無可避免的形式了。然而與實體會議相比，線上會議經常會讓人感到「不容易進行」。

原因就在於，發言方與受話方都「不夠瞭解」。

- **發言方：對於其他參與者是否聽到自己的話、自己的意思有沒有被理解，並不瞭解。**
- **受話方：對於發言者是否正對著自己說話，並不瞭解。**

以下就要說明六個經過嚴格挑選的做法，它們將有助於消除這些問題，讓線上會議（包含一對一、固定會議、與客戶的往來）能夠維持在保有心理安全感的狀態下，並讓工作有所進展。

①開啟網路視訊攝影機

最理想的狀態，是將網路視訊攝影機保持在開啟狀態來進行線上通話。事實上，當受話者全都保持在「關閉攝影機」的狀態時，會讓發言者感受到極大的困難（應該很多人都有過這類經驗吧）。這可說是**容易對心理安全感，尤其「敢言」要素造成損害**的狀態。若是因為企業的資安策略必須如此也就算了，但除此之外，請盡可能地推動並呼籲保持視訊攝影機的開啟。

另外，使用視訊攝影機時，請盡量將自己正在看的畫面（對方）與網路視訊攝影機放得靠近些，最好是能達到「視線容易對上」的狀態。

②增加三成的「應和」

在線上請做出比平常狀態「多出三〇％」的反應，來應和對方吧！就算是在畫面上有複數成員圖像並列著的情況也一樣，大動作予以應和，能讓發言者更明顯地看見你。這樣做會讓發言者知道「我的聲音有傳達過去了」，並減輕發言者的不安感。如果動作大到「線上會議開完後脖子好痠啊」、「會做出這般回應的成員增加了」，那麼相信團隊裡的每個人都會感受到「能更容易地開口發言了」。

③手邊的動作更該「被看見」

「在遠端會議中，其實一邊聽著聲音，一邊在處理『別的事』……。」有人曾這樣向我坦白過，他們裝作聽著別人發言的樣子，一邊確認手機，或閱讀與會議主題無關的資料。這種不專心模樣，會讓發言的人心想「到底有沒有在聽我說呢？」「是邊遠端開會邊做其他事情嗎？」而變得疑神疑鬼起來。

所以「表現出讓發言者擁有安全感的傾聽方式」是很重要的。

例如，線上傾聽時讓自己的手邊動作被看見，可以給對方**「我在專心聽你說話」**這樣的訊息。若有會議資料的影印文件，讓對方看見你手拿著文件會更好。

④以指名來促使發言

想要讓對方發言的時候，以「〇〇，你怎麼想呢？」的方式來指名詢問會很有效。如果是在實體會議室裡開會，只要看著對方的臉、對上視線，就會知道「是在詢問我的意見」，但在線上會議中視線不太會相碰，所以要以指名來代替視線。

比較謙虛、保守的成員，即便有意見或感覺到了什麼，多半也都不會自行要求發言，這個時候就以「〇〇，聽到這邊你覺得如何？」來指名，如此將能有效地讓他們參與發言。

⑤活用聊天功能

使用視訊通話軟體附帶的文字聊天功能，以文字來蒐集想法也是很好的做法。雖然一對一的情況下可能不太需要，但在難以保持攝影機開啟的情況或參加者眾多時，文字聊天功能就很有用了。

舉例來說，若要按順序詢問二十個人的意見，每個人花兩分鐘，總共也得花上四十分鐘；如果改以文字聊天功能，寫下後再觀看的模式，只要安排空檔讓各式各樣的想法都能在短時間裡被寫出來，就可以使會議進行得更有效率。

我所舉辦的線上進修也活用了文字聊天功能，採互動式進行。我會藉由文字聊天功能，來蒐集參加者們對於講師所提出的「題目」之心聲或想法。這個能讓來參加進修的學員之間相互學習的機制，得到還不錯的評價。

⑥準備就是一切

有會議時，相信很多人都會先準備議事日程吧？即便是一對一的情況，也很建議先準備好想提問或想確認的事項。

在接下來的第三章裡，我們會談到能讓一對一場景更輕鬆的語詞。要談哪些事？要聆聽對方說什麼？透過提前組織和假設這些內容，你將能夠首先確保領導者的心理安全感。

第3章

建立信任！讓一對一會議變輕鬆的語詞

本章要聚焦在
上司與部屬的一對一面談，
介紹「讓一對一會議變輕鬆的語詞」。
這做為團隊裡經常應用到的手法，
近來已經廣受矚目，
但應該還是有不少人會覺得：
「該怎麼做才對呢？搞不懂啊！」
接下來就以安排一對一會議的領導者為主，
來介紹讓一對一會議變得輕鬆的語詞
（沒有這類安排的人，
也請當成一對一談話時的參考）。

20

話挑
助新

✕

一對一會議上，
要說些什麼呢……？

前置語詞

想改善到目前為止，都進行得不熱烈的一對一會議時

○

之前的一對一會議，
我覺得都進行得不怎麼順利，
從這次開始，
要更認真地面對它。

「從下個月開始，我們公司也要實施一對一制度。領導者對成員每兩週要進行一次，最少三十分鐘的一對一會議。」

某天，公司的頭頭突然發了封這樣的信。身為領導者的你，雖然姑且先排出了專供兩人談話的一對一時間，但實際上只也是把團隊的定期會議延長，改成個別進行業務報告、提出建議或指正這樣的個人指導場合，成員們總覺得這是段很痛苦的時間……。

等彼此都察覺到時，一對一會議已經讓大家都感到很棘手了，就連要放入預定時程內都使人憂鬱。

看不出一對一會議有什麼意義，也不認為它有效果的人，應該都有類似的經驗吧？

其實，最首要的是，你跟成員要**建構「一對一會議的共識」**。每個組織對於一對一會議或許都有著自己的定義，然而能順利進行的一對一會議，具備了以下特徵。

「要理解：一對一會議不是上司的時間，而是部下的時間；不是領導者的時間，而是成員的時間。」

這會議不是要讓上司把想說的話講出來，也不是給上司問他想知道的事情的場合——請先掌握住這樣的前提吧！ZENTech裡也有些領導者會在每次的一對一會議時，以「這個時間，是為了你而安排的」來做為開場白。

另外，ZENTech對於何為「好的一對一會議」有兩個定義——第一是**能讓成員產生理解**；另一個則是**能增加成員行為的選項**（技能領域）。你的一對一會議又是如何的呢？

目前為止，如果你的一對一會議都像是「推進任務的業務場合」，或是領導者都把「自己想說的話」、「自己想問的事情」當成會議中心來實施，為了重新改善，請先從採用本則語詞開始做起吧！

回顧過往會議，從回復到原本狀況及承認開始做起

提升團隊的心理安全感吧！為了達到這個目標，請使用本書裡記載的語詞吧！如此下定決心後，就把決心轉移到行為上，能這麼做當然意義重大。

然而，就以昨天之前都還是心理安全感低的團隊來說吧，在過程中領導者沒有任何說明就突然改變了措辭與說法，反而會招來成員們：「課長，你是不是怎麼了？」這樣的疑惑。

如果你能首先與成員們共享「想要打造出心理安全感」的想法，並把「為此應該要先從改變領導者自身的言行開始做起」這個約定直接傳達給成員們，事情會進行得更為順利。

我們人類是一種很難承認自身有錯誤或需要改進的生物。更遑論要領導者主動向成員承認自

己的問題，這本來就十分困難。不過，領導者的改變對於提升團隊心理安全感的影響，是極為巨大的。

我想對各位上司或領導者們建議，要擁有**「如果有用的話，即使再困難也該承認現狀並去做出改變」**的心理彈性，也就是要培育**「具備心理柔軟性的領導力」**。

為了宣示「以成為具備心理安全感的團隊為目標」，我們要能承認自己過去的言行未必優良，並承諾會對此做出改變。只有實際將這種困難的事情轉變為行為，才能夠把你「認真當回事」的態度傳達給成員們。

事實上，不管你如何措辭，最終能否將意思最好地傳達給成員，還是要看與對方的關係或對方的狀況。請考慮得更有彈性些，想想什麼樣的語句才能傳達出屬於你的認真吧！

21

話助
挑新

✕

關於你目前在進行的那件事，
方便來做個確認嗎？

前置語詞

想跟對方多談些話的時候

○

近來工作上有什麼
有趣的事嗎？

一對一會議並非是聽取「受話者（領導者）想問的事情」的時間，然而，加深對成員的理解，對促成良好的一對一會議來說，也是很重要的。

為此，在導入一對一會議的初期，或與新成員進行一對一會議時，發起能夠加深彼此理解的談話是很好的做法。雖說如此，突然詢問私事又有點奇怪，究竟該問到哪個程度還真的讓人抓不準呢……。

這種時候，就請使用本篇的「前置語詞」來開始談話吧！在覺得有些唐突時，使用「我想瞭解○○先生是怎麼樣的人，所以才這麼問……」這樣的前置語詞也很有效。

「最近工作上有什麼有趣的事嗎？」

「這個嘛，我去了客戶那邊，跟原先負責的○○部長聊了一下，意外見識到了以前不知道的部長的另一面，其實還蠻有趣的。」

「喔，這挺有意思的啊，其他還有嗎？」

「其他的嗎？我想想啊，事實上……。」

在這個提問裡有三個重點。

第一點是**「最近」**。如果要人回顧「至今為止」的事情，那樣的期間稍嫌太長了，雖說對方或許還是會思考並做出回答，但不但太花時間，談話的節奏也可能變得很糟糕。

第二點則是**限定於「工作上」的事**。由於這樣不涉及到私人領域，對提問者（領導者）來說較易於開口；對說話者（成員）而言，也是比較好談論的話題。

最後一點，就是**詢問「愉快」的事**。每個人感受到「愉快」的點都有所不同，詢問對方感覺愉快的事項，也可以從中看出適合對方的事務、對方的風格、個性等重點。

若理解「讓對方感到愉快、自信的事務」，並在這個前提下分配工作或徵詢意見，將有助於提高「鼓勵創新」的要素。與此同時，愉快的談話從積極面來說當然也是件好事。

假如對方回答「沒有什麼特別值得提起的」，不妨試著以下列四種模式更清楚地提問。

以四種模式進行「愉快提問」，看出差異

對怎樣的事務會感到「愉快」，這一點因人而異。不過大致上可以分為**達成**、**理解**、**構思**、**貢獻**四個模式。

達成 **成效或結果出現，創造出良好事物時感受到的愉快。**

理解 **理解了理由、原因、事物的機制或本質時感受到的愉快。**

構思 **能夠思考並發想出具自己原創性的事物時感受到的愉快。**

貢獻 **實際體驗到自己對人有所助益時感受到的愉快。**

你可以說：「在這些當中，做出貢獻而獲得喜悅時……。」之類的話，以此四種類來提示說話者，這樣大致上都會看得出其中一種傾向來。如果能在一對一會議中從成員那邊瞭解到他的愉快模式，那麼之後對於成員的觀察或談話方法也就能再下更多功夫。

達成傾向強的成員，在結果出現時向他搭話，或說些對於結果有所期待的話語，對他們很有效果；而**貢獻**傾向強的成員，即時傳達周遭人的評語或感謝給他們則很有用，這些都能在經營管理層面上發揮作用。

這樣的談話在某種意義上，可以看做是與**語詞 1**「打招呼」類似，是想藉由「觀察」加深理解而做出的試探。在一對一會議上加深對成員的理解，以較貼近成員的方式來談話，有助於提高「鼓勵創新」要素，更能幫助提升團隊的心理安全感。

22

挑話
新助

✕

你的強項是什麼？

前置語詞

想知道對方的長處或強項時

◯

你曾因怎樣的工作表現被稱讚呢？

我們在前一則**語詞21**裡提過，為了加深對成員的瞭解，可以詢問他的「愉快時刻」。接下來，則要介紹能得知其強項與長處的語詞。

雖然說也可以開門見山地提問，請對方告知，但考量到要營造心理安全感高的一對一會議，好不容易的機會，就讓我們多花點心思吧！

在此希望能多花點心思的重點，有以下兩個——

①讓受話者容易開口（容易回答）。

②與「互助」或「挑戰」連結。

關於①，在尤以謙遜為美德的亞洲文化裡，得意洋洋地展現自我說：「我這項很強！」「我辦得到！」有時會給人不怎麼好的印象。因此，即便被直接詢問強項，最終常常還是會以「我不知道……」來結束談話。

再加上，人們意外地並不太瞭解自己。當你突然被問到：「你的強項是什麼？」可能也出乎意料地難以答上來吧？

所以詢問來自周圍人們褒獎過的事實，讓對方回想起來，會讓談話更容易進行。

擅長的事務或強項，有助提高「互助」與「挑戰」要素

接下來看看②連結「互助」或「挑戰」要素的案例。

例：與「互助」要素連結的案例

「能否告訴我，你過去都是因為怎樣的工作表現被稱讚呢？」

「這個嘛……在先前的單位裡，我對客戶做問卷調查、進行統整分析，以及整理報告時，還蠻常被稱讚說報告讓人很容易讀得懂。」

「喔，很厲害呢！你擅長分析是嗎？」

「其實我學生時代就經常運用數值來進行資料分析及可視化的工作。」

「這真是讓人安心啊！下次遇到分析、可視化的困難時，可以找你幫忙嗎？」

例：與「挑戰」要素連結的案例

「你曾經因怎樣的工作表現被稱讚呢？」

「在提企劃書時，曾經被稱讚過『容易看懂』、『取名品味很不錯』等。」

「原來如此，取名的品味曾經被稱讚過啊！那這樣吧，業務部門接著有個在企劃中的促銷活動，活動名稱也需要發想，你要不要試試？」

「感覺很有趣耶！我想試試看，如果能夠順便指導我一下就再好不過了。」

「當然，我會協助你的！務必來試試看吧！」

越瞭解成員的強項或長處，就越能在團隊內做出「小型適才適用」的分派。如此便能夠各自快速地以高品質完成擅長的事務，從結果來看，團隊整體的表現也將有所提升。

當然，對資歷較淺的成員來說，面對目前還覺得棘手、難以順利進行的事務，首先試著做做看，並在重複行為當中提升技能，進而變得擅於處理——這樣的過程也是很重要的。

並不是說「不擅長的事情不做也可以」，而是如果能明確知道每個成員的擅長事項，那麼就更能有效地提升團隊包含支援機制在內的「互助」與「挑戰」要素了。

23

話助 挑新

✕

不管有什麼想講的話都可以說喔！有嗎？

前置語詞

想要讓對方講出想說的話時

○

請告訴我壞消息跟好消息。

前面的**語詞21**、**22**，主要介紹的是以「加深對成員之理解」為目的，在導入一對一會議初期或面對新成員時適用的「前置語詞」。

本則**語詞23**及下則**語詞24**，則要介紹能更廣泛地發揮一對一會議效果，且通用性高的語詞。

首先就從NG案例「什麼都可以說」看起吧！

NG案例

「不管有什麼想講的話都可以說喔！」

「什麼都可以說嗎？嗯……不過現在想不出有什麼特別想說的耶。」

「是嗎？好的。那我有些事情想要問你……。」

因為一對一會議是要讓對方把想說的話都說出來的場合，所以才先用『什麼話都可以說喔』來詢問對方，但對方卻表示『沒什麼特別想說的』，結果還是只好自己問起想知道的事情，最後一對一會議就這樣結束了……相信有這種體驗的人應該很多吧？

話雖如此，但今天若換成是你，站在被人說「來吧，什麼話都可以說喔！」的立場時，你會怎麼做呢？應該一時也很難順暢地組織出想要說的話吧？

「能告訴我，這一個月來有什麼壞消息跟好消息嗎？」

這是我自己接受指導老師教導，以及跟上頭的人進行一對一會議時，實際聽過覺得「就是這句了！」的一句最容易讓人開口的提問。很推薦往後想要引進「一對一會議」的領導者們使用。

我們可以此，對受話者（成員）傳達「請平直地將壞事與好事都報告一下」。

「壞消息」的案例

「△△△事情上，我受到了客戶的斥責。」

「我忘記△△了。（我失敗了）」

「好消息」的案例

「客戶因為△△△這件事，稱讚了我。」

「新的訂單正在增加中。」

此處重點在於，**要先問「壞消息」**。接著，不管聽到多麼壞的消息，都要先以「是這樣啊，謝謝你告訴我這件事」這類「回覆語詞」（細節請參見之後的**語詞25**），來回應對方「告訴你」

的這個行為。

從「壞消息」中，會催生出改善措施

「壞消息是，我被客戶批評說『報價單裡沒附照片，看不懂啊！』」

「謝謝你告訴我這件事！的確我們公司的報價單裡都只有數字而已啊！如果加上照片，或許能讓部分客戶更願意買單、提高成交機會。來試行看看吧！」

就像這樣，有時我們能**從「壞消息」裡找到改良業務的措施**。若還有「日報」或「週報」等日常性接受回報的系統，整合之下，就有可能在談話之間捕捉到重要資訊，或者能早期發現問題的徵兆。

另外，聽取好消息的過程中，也能夠察覺到那些較謹慎成員的功勞或能對其加以褒獎的提示，這也有助於讓團隊的運作更加良好。

24

挑新 話助

✕ 在私人領域方面，有什麼困擾的事嗎？

前置語詞

比通常的一對一會議更進一步，希望對方能共享自己的事情時

○ 有沒有什麼事情是你希望我知道的？

在一對一會議裡實用性高的第二種語詞，是「有沒有什麼事情是你希望我知道的？」也可以再加上「就算是個人的事情也無妨」讓句子變得更完整。

重點在於，要徹底地讓談話者（成員）判斷，決定要傳達哪些「讓你知道比較好」的事。這並不是常見的那種傾向於「身為上司、領導者想知道」，並由提問者（領導者）自身從「我想知道、我想詢問」角度所提出的「For me詢問」；而是**把焦點都放在被詢問的一方、由談話者自己思考「該傳達些什麼？」來進行的「For You詢問」**。

「其他還有什麼想讓我知道的事情嗎？即便是個人的事情也無妨喔！」

「這樣啊……其實，跟我同住的岳父突然生病了，現在每週要去醫院兩趟，所以會需要在中午前接送他前往。」

「原來是這樣啊。謝謝你把這件事告訴我。你岳父身體突然出了狀況，應該很擔心吧？」

「似乎是老毛病又犯了……家裡頭會開車的人只有我一個。我太太雖然說要搭計程車帶他去，但我岳父個頭大，很難都交給她……。」

「這件事情我知道了。盡量來調整成以家族優先吧！只有星期三早上的全體固定會議，還是得請你盡可能出席——以線上參與會議的方式也沒關係。中午前的排程就暫時先停下，預定會面之類的就請排在中午過後吧！」

「暫時得給大家添麻煩了。主治醫師說，一個月內都得到院回診。」

「我知道了，有困難時就該互相幫忙，別在意了。這件事情，要跟其他成員們說嗎？雖說我覺得不講其實也沒關係就是了。」

「關於這個……公開告訴大家也沒問題的。只是，希望對公司以外的人就別提了。」

私人領域的話題應該詢問到什麼程度，或是應不應該詢問，相信讓很多人都感到困擾吧？這句語詞的好處就在於，把「話要說到哪個程度」的選擇權交到了談話者（成員）手中，使其能夠適當地說明。如同上述例子，如此詢問再加上「雖然難以主動地說出來，但由於可能會對業務造成阻礙，還是先告知比較好」的想法，就能讓事情更平順坦率地被講出來了。

在職場上會碰面的成員，一回到家裡，都各自背負著以家庭為首的各種事情。即便是再優秀的人，也同樣如此。理解並接受成員平時不會顯露在表面上的背景狀況——能做到這一點是最理想的。

身為提問者（領導者）的你，自身一定也有些特別的情況、辛苦或煩惱。斟酌與對方的關係，找機會由你來挑明「我有些事情，想讓○○你先知道……」也是個很好的做法。

如果，對方提出了深刻且難以立即應對解決的煩惱，你也無須當場急忙以「就這樣做吧」來提出應對或解決方法。詳細的回覆內容在下則**語詞25**裡會提及，此時重要的是「承認」。

成為能讓人開口談論的領導者

這樣的詢問也能運用於職場的日常裡。你可以在狀況時刻變化當中，及時共享「希望你知道的事情」。就算遇到成員好幾次回答「沒什麼特別的」、「沒問題的」，也請以「這樣嗎？我知道了。如果有想說什麼的話，請隨時告訴我喔！」來接受成員的回覆。

希望留意的是，別因「為什麼不說？」而發怒。不僅如此，你還要在每天的工作當中，以「構築讓成員願意訴說的信賴關係」為目標。

這句語詞在日常中的運用，將有助於提升團隊的「敢言」及「互助」要素。

25

話題

挑新

助

回覆語詞

聽到私人領域的深沉煩惱時

✕ 真的嗎？

○ 原來是這樣啊，謝謝你告訴我。

前一則的**語詞24**，說明的是依時機點及關係狀況，能夠讓對方說出個人煩惱的語詞。然而，在對方表明了深重的煩惱之後，有時也會因為不知道該怎麼回覆而困擾吧？例如：關乎本人或家人生命的疾病、與伴侶分離等這類話題，都很難當場就以「那麼，就這樣做吧！」之類的機敏建議或解決方案來應對。

此時要特別留意的是，我們常會不經意地以「真的嗎？」來做出回應。或許你以為這很直接地展現出了「難以置信」的心情，但談話者（成員）從這句話裡所接收到的訊息，卻常常讓他們感覺「你不相信我？」「上司無法接受的話，談話就變得沉重了……。」

這種做法是錯的，對於對方願意告訴你這件事，要首先以「謝謝你告訴我」來傳達感謝，**光能夠接受談話者（成員）說出的各種複雜事情，就已經是有所進展了**。

或者你也可以說：「原來你的伴侶生病了……謝謝你願意把這麼難以開口對人說的事情告訴我。」像這樣就對方分享的事情，以重述來做出回應。

或許在你們說完這些話之後會有一段沒什麼話好告訴對方、暫時持續著的沉默，但其實沒有必要慌忙地非要說些什麼。

因為，**沉默也是很重要的「接受」的時間**。

對「傾吐」的感謝，能提升心理安全感

除了私領域的沉重煩惱，成員也可能還有些事情不太好開口。心理安全感研究領域的世界第一人，哈佛大學的艾德蒙森教授提出，「怕被認為無知、無能、找麻煩、唱反調」，將會帶來人際關係上的風險。狀況如下——

無知 明明實際去瞭解並知道了會比較好，卻因擔心被說「連這種事情都不知道嗎？」或怕被認為「無知」，而無法提出詢問。

無能 本應該報告自己造成的失誤或麻煩，但因為有被認為是「無能傢伙」的風險，而迷惑著是否該報告，或是在等待某個時機才報告。

找麻煩 客戶提出了負面的批評，正覺得困擾，原想藉由討論來讓工作得以推進。但因為不想被認為是「找麻煩的人」，所以不報告也沒提出來討論。

唱反調 對領導者或更高層上司推動中的措施，發現有著根本性的問題或心懷擔憂，但因為可能會被認為是「負面的人」，所以說不出口。

當內心落入這四種不安，人就會變得「說不出話」。

不安類型	概要
無知	即便是必要的事情，也不提問或討論。
無能	不報告失誤或麻煩，不說出自己的考量。
找麻煩	即便有必要也不尋求協助，工作上有不足之處也會妥協。即使「有必要麻煩他人」也不求助。
唱反調	不談論對錯。即使有反對意見也不說。

出處《心理的安全性のつくりかた》「讓團隊發揮機能是怎麼一回事」

如果成員無視這些風險、鼓起勇氣開口告訴你事情，那麼即便你對發言內容無法認同，也請以「謝謝你告訴我」來回應；若報告的內容比較嚴重，就請回答「我想這是很難開口對別人說的事，還是要謝謝你提出來報告」。對發言、報告舉動傳達感謝，從「敢言」及「互助」要素的觀點來看是很重要的。

重點

行為分析的框架「前置刺激↓行為↓後果」

當我在進修活動裡，向管理階層的學員們提到「行為分析」這個學術領域時，他們回饋說，真的是「茅塞頓開」啊！

所謂行為分析，是指預測人們的行為，並且對其施加影響的「行為的科學」。

如下圖所示，使用三個方框來對人們的行為進行分析，是行為分析的重要框架。

前置刺激　**當事人行動的起因、脈絡。**

行為　**當事人自行採取的動作。**

後果　**行為的結果 Happy 與否。**

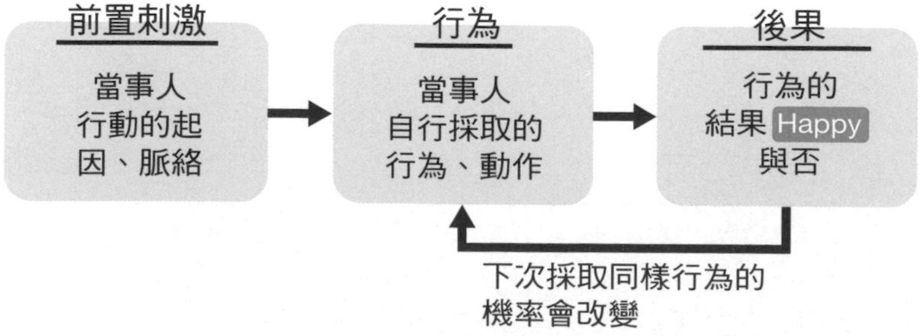

其中最重要的，就是在最後回顧裡，人們會對於自己所採取的行為，依照以下順序來進行檢討——

- **Happy 的後果**

↓下次再採取同樣行為的機率上升

- **Unhappy 的後果**

↓下次再採取同樣行為的機率下降

或許聽起來感覺有點難，但其實只要以日常生活的實例來思考，就會發現並沒有那麼地困難。舉例如下——

前置刺激：肚子餓了；**行為**：前往同事推薦的餐廳用餐；**後果**：食物超好吃的！

有過以上經驗後，再遇到類似的前置刺激「肚子餓」時，引發同樣行為的機率就會上升，當事人或許就會再次前往同一

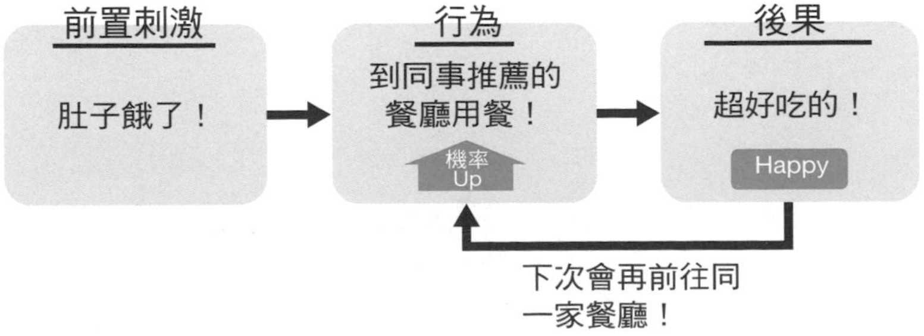

家餐廳用餐。

就像這樣，當人在行為後感覺是Happy的，那下次遇到類似的前置刺激時，就可能會重複同樣的行為；若感覺後果是Unhappy的，採取同樣行為的可能性就會減少。

由「懲罰與不安」驅動的團隊難以順利運作

看到這裡，或許有許多人都認為「這是理所當然的」吧？那麼，當身為領導者的你，從成員那邊得知了「失誤、麻煩的報告」時，你又是怎麼反應的呢？為了減少更多失誤和麻煩，所以會斥責部下：「為什麼事情都到這個地步了才說！」——會這樣做的人應該也不少吧？

然而，如果你先運用下圖，從「提出報告的成員的立場」做過了行為分析，你就會知道，這位下屬**再也不會「給上司報告」了，就像他不會再去難吃餐廳一樣**。

在「心理安全感」低、懲罰與不安翻騰著的職場裡，可以

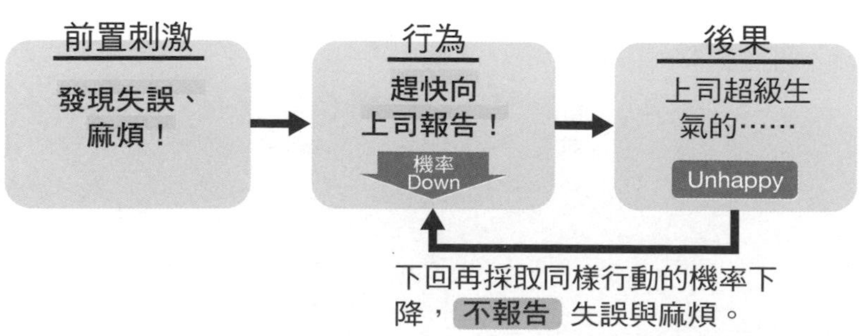

前置刺激
發現失誤、麻煩！
行為
趕快向上司報告！
機率 Down
後果
上司超級生氣的……
Unhappy
下回再採取同樣行動的機率下降，不報告失誤與麻煩。

看到成員們多數行為的後果，都是Unhappy的。

這些人們之所以漸漸變得不再行動，而且越來越難獲得成果，原因就在於此。也就是說，人們之所以會開始遵循「在不惹怒上司的範圍內做被指示的事情」、「別做多餘的事情」這類原則，傾向於「朝著反方向努力」，就是由懲罰與不安所累積的心理「不安全」管理所造成的。

不在於行為的「質」，而是要辨別想增加或減少的「量」

「失誤、麻煩」這類事情，當然是不希望它出現的。但是，若已經發生了，比起沒有報告默默地放任下去，「毫無遺漏地報告」應該才是更理想的吧？

只要理解了行為分析，就可以避免對希望增加的理想行為，給予Unhappy的懲罰，以免這些行為減少。此時重點不在於行為的質或結果，而是要辨別出你是想要讓該行為的「量」增加，或者期望有別的選項。

「我想這件事是很難以開口的，謝謝你向我報告。」──像這樣的說法，就是在傳達「即便這件事的內容，是很沉重的煩惱或深切的麻煩，但對於你『告訴我這件事』這個行為，還是十分感謝」。這是一句多少能夠讓人擁有Happy後果的語詞。

自然地學習「行為分析」框架

或許有些人已經察覺到了。事實上，本書中的前置語詞，就是將行為分析的前置刺激以言語來表達。而將後果以言語來表達的，就是回覆語詞。

在實行上，我們不僅要以「前置語詞」來促進行為；還要配套地在成員做出行為後，使用「回覆語詞」來加以回應，如此才能讓成員重複理想的行為。

此時的「回覆語詞」做為後果，能否實際讓採取行為的成員本人感受到Happy，是很重要的。

因此，不是只說「謝謝」就夠了，究竟是哪一點讓你覺得慶幸？附上真實理由把你的感謝傳達給對方（**語詞8**），營造出Happy感，就是能讓人重複理想行為的秘訣。

「前置語詞」及「回覆語詞」的組合案例，如同左圖所示。

除此之外也還有各式各樣的組合，你還可以創造自己獨有的語詞。

總之請務必瞭解，你眼前成員的反應是Happy的？抑或者是Unhappy的？

請一邊觀察對方，一邊從錯誤中找到方法吧！

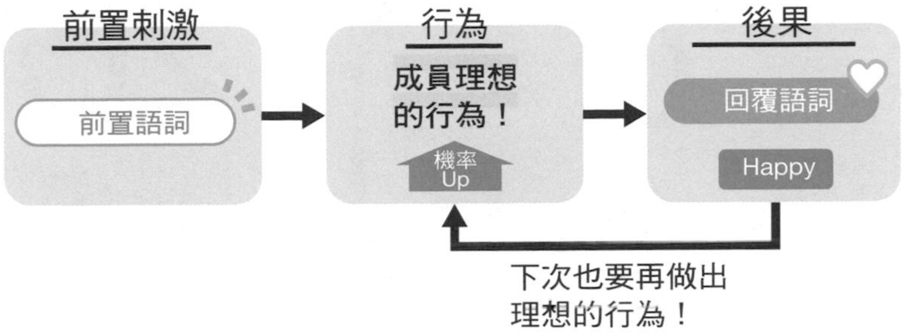
前置刺激
前置語詞
行為
成員理想的行為！
機率Up
後果
回覆語詞
Happy
下次也要再做出理想的行為！

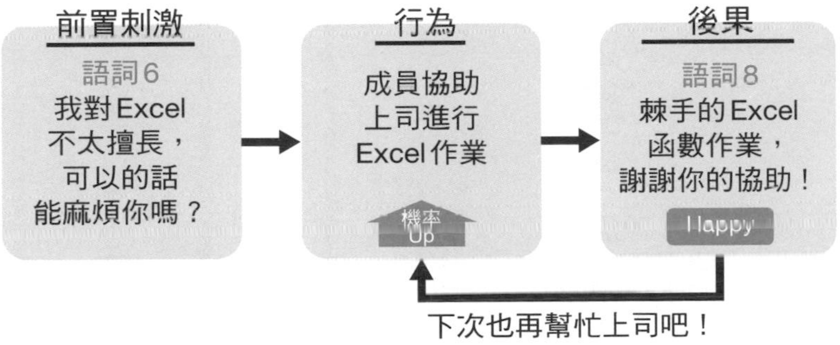
前置刺激
語詞6
我對Excel不太擅長，可以的話能麻煩你嗎？
行為
成員協助上司進行Excel作業
機率Up
後果
語詞8
棘手的Excel函數作業，謝謝你的協助！
Happy
下次也再幫忙上司吧！

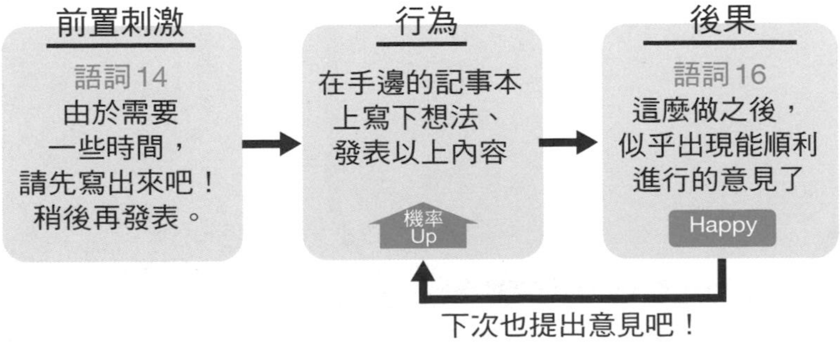
前置刺激
語詞14
由於需要一些時間，請先寫出來吧！稍後再發表。
行為
在手邊的記事本上寫下想法、發表以上內容
機率Up
後果
語詞16
這麼做之後，似乎出現能順利進行的意見了
Happy
下次也提出意見吧！

26

挑話
新助

✕
這樣說起來，我也……

〇
能再多告訴我一些嗎？

回覆語詞

對方說出了有趣的話題時

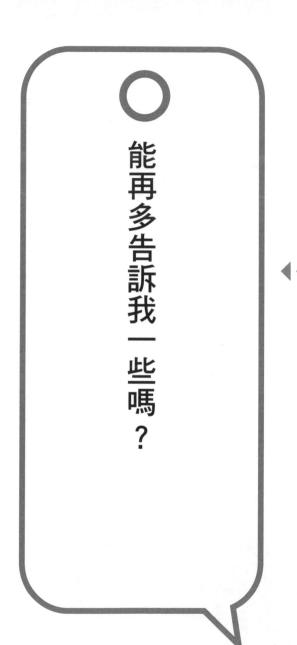

在一對一會議裡很容易陷入的陷阱是，對「自己覺得愉快＝對方覺得愉快」的誤解。與伴侶或朋友共同度過、眾人同樂的時光，確實是自己跟他人都覺得快樂。但是，請你要回想起**「一對一會議是談話者（成員）的時間」**這個原則。比起自己是否覺得快樂，如何讓對方把想說的話都說出來才是更優先的事項。

其中，當談話者說出有趣或自己也感興趣的話題時，尤其需要注意。

NG案例（搶對方的話）

「我最近休假時，第一次去露營了。」

「啊，露營啊！那很棒喔，我從三年前開始就迷上了。最近還到湖邊去露營了，而且買了新的帳篷，這個帳篷用起來比之前的更舒服～」

「（都變成上司在說了啊……）帳篷很不錯呢……。」

這之後，一對一會議大概就會結束於受話者（領導者）的帳篷話題吧。雖說對受話者來說結束得還算愉快，不過卻給談話者（成員）留下了「明明說是以我為主的時間，結果卻沒在聽我說話」的印象。

這可說不上是「談話者（成員）的時間」啊！

這時候，若是說：「我也喜歡露營啊！然後呢然後呢？」這樣回個幾句，就把談話主導權還給對方，那還沒什麼大礙。但當碰到自己所關心的主題（特別是對方手上握有資訊），馬上就想要說話時，就要特別注意。在一對一會議的時間裡，總之務必要忍耐。

這種時候，請試著用提問，來進一步挖掘資訊吧！

「我最近休假時，第一次去露營了。」

「喔～這樣啊！能再多告訴我一些嗎？」

「我聽○○先生說了去露營的事情後，就想著要找個時間也去試看看。實際去到那邊，發現晚上的寧靜時間讓人感覺非常舒服，我還蠻想再去的。啊，對了，○○先生有推薦的露營場地嗎？」

請像上述例子這樣，務必回應談話者提出的詢問，並將談話的主導權還給對方。

如果關係容許的話，可以使用「你是指？」

這邊要介紹僅有短短幾字、說出來只需一秒，卻很有效的「回覆語詞」。當談話者開始談論某些話題時，也可以從他們對這句話的反應中，來瞭解他們是否樂於談論這個話題。請立即用明朗的語調說**「你是指？」**以積極的催促態度讓對方感覺「可以繼續說下去」，提高開口談話的容易度吧！

千萬別帶著「聽不懂你在說什麼」這樣的負面語氣，在尚未消除隔閡前，尤其要注意語調跟說話的方式。

「你是指？」這句話有著催動前進引擎的效果，它能夠促進談話者將內容說得更加詳細。以「你是指？」來回應後，就能讓印象與想法進一步轉化為具體話語。不論是重要的事情、想做的事情，或者明確發現了的問題點等等都請說——能夠讓對方感覺到這些，就是很大的成功了。

在一對一會議裡，最重要的是「傾聽談話者的聲音，接受現狀與其煩惱，並引出對方的行動」。為此，我們要持續地將談話的主導權讓渡給談話者，讓談話者實際感受到這是「供自己談話的時間」，請以打造出如此具心理安全感的一對一會議為目標吧！

27

挑話
新助

✕ 關於這個嘛……（進行建議）

回覆語詞

在聽話過程中，浮現出好建議時

〇 我想到一些事，可以說出來嗎？

應該誰都曾經有過，在一對一會議上聽著對方說話時，忍不住想要提出建議的時候吧？當具體建議浮現心頭，就想立即傳達給對方——雖然看似是件很平常的事，但為了讓一對一會議變得更好，或許有需要稍微重新檢視一下也說不定。

並非NG但不理想的例子

「這次的企劃案，是以〇〇為本來思考的。」

「那個想法雖然不錯，但我覺得還是這個提案更好些。那位客戶我雖然只碰過一次，但我想重點還是在於跟其他公司之間的性能差異。再來就是……。」

「好的，謝謝您。」

上述談話，乍看之下是場很不錯的一對一會議。確實，對話中傳達了許多對談話者（成員）來說很有益的建議，也看似是「屬於談話者的時間」。

然而，**在對方並非尋求建言或想法的情況下，受話者（領導者）在自己想說話的時間點給出自己想做的建議，有時會導致「敢言」的要素降低。**

這是怎麼回事呢？

因為，居於發言者立場的談話者（成員），很可能本來已經有些想法，或是上司（受話者）所沒有的觀點及發現。即便談話者未懷有那些特別想法或觀點，也很可能因為受話者直接說了「那，這樣做好了……」而感到遺憾（自己也想到了一樣的事，結果聽起來就像是上司的提案一樣……），如此甚至可能讓「挑戰」要素下降。

就算是上司，提出建議前也請先取得許可

在進行指導時，有個原則是「提案或建議前要先得到對方的許可」。這是因為，若對方沒有進入「傾聽態勢」，無論是再好的建議，都無法帶出「調整行為」的結果。

先取得許可再提出建議，對上司來說，也更容易避開「我都提出建議了，這傢伙還是什麼改變都沒有啊！」所帶來的壓力。

「這次的企劃案，是以○○為本來思考的。」

「很不錯喔，還有什麼其他重點嗎？」

「這個嘛，還有就是……把△△的狀況也傳達出來會比較好。」

「原來如此，我有想到一些事，等等方便提出來嗎？」

「好的，請務必告訴我！」

人能在說話當中，產生覺察

你應該也曾有過，當對提問做出說明時，發現：「啊，說著說著，自己也瞭解了！」並且在這過程中整理出狀況、想法閃現的經驗吧？人在自己說著話的途中，經常會出現察覺了什麼、想起了什麼、連結起什麼，或終於找到了自己能夠接受的答案等情況。在教練學領域裡，稱之為**「自泌」**（Autocrine）。

從「一對一會議是為了談話者而存在的時間」這個原則來看，也可說一對一會議是「大量引起談話者自泌的場合」。所以請在提出建議前活用提問，先讓談話者多說些話吧！

由自泌而來的發現或想法，在一對一會議後的實踐層面也會帶來影響。因為**比起「被上司指示的事情」，「自己發現的事情」更容易實踐**。

想到好建議時，請在傳達之前試著得到許可。

28

話助 挑新

✕

其他還有什麼嗎？

前置語詞

一對一會議的結尾

○

你能把談話至今，所感受到的事情告訴我嗎？

你都是如何結束一對一會議的呢？

常有的情況是，以「還有什麼其他事嗎？」當成收尾問句來提問後，得到「沒什麼別的了」、「沒問題的」這類回答，然後就用「那今天就到這邊結束吧」來做結尾。

做為替代選項，建議你可以在一對一會議的結尾時，使用下列語詞。

這句「前置語詞」能夠讓談話者（成員）在回顧一對一會議的同時，把漏說的或還沒能說出口的不安等情感都給說出來。

例：一對一會議的結尾

「還有什麼其他事情嗎？」

「不，沒什麼別的了！」

「這樣啊，那你能把談話至今，所感受到的事情告訴我嗎？**」**

「這個嘛，今天由於被詢問所以說起話來很容易。我對於要說什麼還是會有些煩惱，不過，如果能獲得一些建議的話就更好了。」

「原來如此！謝謝你告訴我這些。下次起，也來加入建議的部分吧！」

如此一來，就連「受話者」（領導者），也能獲得對於一對一會議的回饋，這還可能成為提升會議品質的提示。

有時候，你也可能出現對於談話者的期望有所排斥的情緒。就算是這樣的情形，也要以「謝謝你告訴我」，**先就對方鼓起勇氣表達期望這件事，傳達感謝以及接受的意思**——這樣做是很重要的。

對他人的發言表露出怪異驚訝的表情，或展現否定態度，都會讓對方覺得「果然，他說的不是真心話……」，而讓「敢言」的要素減少了。

一個提問能讓「互助」要素增加

「現在的年輕人在想些什麼，實在搞不懂啊！」

會這樣嘆息的管理階層，我已經看很多了。其中，會感嘆「甚至連在配合他以一對一會議來談話時，也完全不知道該怎麼把事情傳達給對方知道」這樣的領導者也並不少見。

對於這樣的人，請試試看「請告訴我你感受到的事情？」這個前置語詞吧！

如果讀不懂對方的心理，那就直接地問吧！這是邁向相互理解的途徑。

我自己已經不知道被這句話解救過多少次了。就最低限度來說，這句話比起使用「有在聽嗎？」這樣的詰問問句，效果高出不知好幾倍。

另一方面，這句話也可以說是受話者（領導者）在向談話者（成員）尋求協助。「這次的一對一會議，是否有效發揮作用」、「是不是有給對方造成壓迫感」、「是否有實現為了對方而進行的會議」……。當你因為這些不安而開始疑惑時，就可以把「希望你能告訴我」當做SOS信號來使用。

這是一種溝通的觀測。除了在一對一會議的結尾，也可以在區分各個重點時，以「談到這邊，你感覺如何？」來尋求回饋。藉由如此**俯瞰兩人的談話**，可以超越受話者（領導者）與談話者（成員）的關係，產生協同運作的感覺，這也會使獲得「互助感」變得更容易。

要只靠受話者（領導者）營造出擁有心理安全感的一對一會議，是不可能的。但即便對方是新人、資淺者，只要以「一起來營造這個場合」為目標，就可以順利進行了。

重點

以「對方視角」織成，具心理安全感的人際關係

當你處於被談話的立場時，應該很難想像「跟這個上司的關係超糟的，不過，他說的那句話，卻讓這次對話成為了最棒的一對一會議」這樣的事情吧？尤其在兩個人對話的一對一會議上，與談話者（成員）平時的「人際關係」，是很重要的。

你不論對什麼樣的人，都能打開心胸、保持良好關係嗎？工作上也好，朋友關係也好，不都是跟你認為「能瞭解自己的人」保持著良好關係的嗎？這樣的人，多半都是能夠從「你的視角、立場」來思考事物的人。

當對方有著跟自己相似的立場、性格，我們就很容易跟那個人採取同樣的視角（所以在私人領域裡，與價值觀、金錢觀念、性格等相似的人容易變得親近）。不過，要超越職務從「對方的視角、立場來考量事物」，卻意外地困難。

那麼，想要以對方的視角來思考，最重要的關鍵究竟是什麼呢？那就是「好好地見聞、好好地品味、好好地理解」。

為此，要著眼於下列三點——

①觀察身心的狀態：氣色如何？處在什麼樣的狀況？
②聆聽與觀察過程、努力、花費的心思、堅持等：對於什麼事、如何地努力著？
③詢問想法、意志、策略、價值觀：想要怎麼做？怎麼去進行？

①觀察身心狀態

最基本且重要的著眼點，就是身心狀態。業務的忙碌程度與加班的狀態當然不用說，這一點包含與受話者（領導者）你之間的關係在內，團隊間的人際關係、結案日期、事件問題等都會有所影響。

首先可以從氣色、聲音的音調，來看對方是否與平時有異，如果有感覺不協調，可以試著說「現在最麻煩的是什麼？有什麼在困擾著你？」這樣來提點對方。

②聆聽與觀察過程、努力、花費的心思、堅持

除了成績與結果以外，也請多注意過程。為了做到像**語詞8**那樣，能夠附上理由傳達感謝，你應該多加留意成員**曾經做了什麼、是如何地努力著；以及他所花費的心思、做出**

的安排、為了把事情做好採取了什麼措施、堅持著的考量又是什麼等等。

有時候，也可以對本人提問「有特別在哪部分做出努力嗎？」「有哪些地方是特別花了心思處理的嗎？」由他來告訴你。只要經常像這樣聽成員說話，就有可能逐漸讓成員擁有「在那個會議裡，我很努力地發表了這項意見，這就是我的工作」這個足以自豪的「堅持」了。

③詢問想法、意志、策略、價值觀

交代給成員工作或職務時，試著詢問其個人的想法、意志及策略吧！例如：「這個狀況，你是怎麼理解的？」「○○先生，你想要怎麼做？」「想要如何安排推行的方式？」「結果如何會讓你覺得高興？」

在聽到想法之後，說些提供協助的話倒沒有關係，但若變成了「猜上司正確解答」的遊戲，可就不太好了。請以讓成員認為「還好我有向這個人說出自己的想法！」來做為目標吧！

要觀察，但判斷先等等

在你觀察、傾聽對方的身心狀態、過程與所花的心思、想法與價值觀之後。接下來有個可能會讓人覺得意外的重要事項，那就是**「保留判斷」**。

這是怎麼一回事呢？

事實上，比起觀察、消化、品味事物，我們往往更傾向於直接做出「這樣做就行了」的結論。然而諸如「反正這個人就是會這樣」、「這種事情我知道」這類想法，很可能就讓你「過於武斷」了。發生問題時，越是腦海中馬上浮現解決方法的「優秀」之人，越容易落入立即判斷的陷阱。

為了理解其他人、從他人的角度來觀察，要持續地去瞭解、「別以為自己已經懂了」。能抱有「這個人或許處於某某狀況，但也有可能並非如此」這樣不絕對的想法，才有助於良好的組織管理。

最後，我想要介紹能夠用來判斷是否採取了對方視角的重要二提問。

那就是：「當成員失敗時，你也會感受到悔恨，並祈求成功嗎？」

「當成員可能惹怒更高層時，你會保護你的成員嗎？」

請務必，將這二問放在心裡，與成員共築良好關係！

第4章

績效上升！激發團隊挑戰與創新的語詞

在本章裡要談的，
是培養「富有挑戰心的團隊」的語詞。
富有挑戰心的團隊
面對有意思的想法或建立新計畫等
這類困難卻能促進成長的事，
會抱持「總算，完成這件難事了！」的心態。
在這種團隊裡，能夠品嘗到工作的妙處。
請首先以「前置語詞」來促進小挑戰，
然後再以「回覆語詞」將發著亮光的小點，
凝聚成巨大且明亮的光源吧！

29

挑話
新助

✕

那麼，〇〇，這件事就交給你了

回覆語詞

得到改良的提案時

〇

來看看要怎麼分配任務吧！

當收到了改良提案，你的團隊會做出什麼反應呢？

NG案例

「我認為如果將之前提案給客戶的簡報資料，都整理成可查詢關鍵字或重點，那在製作簡報的時候會方便很多……。」

「這想法確實不錯，那麼，○○，這件事就交給你了喔！」

「好的……。」（就已經夠忙了，這下還增加了多餘的工作……）

由提案者擔任並推行所提出的業務，在職場上是很常見，而且再理所當然不過的情況了。不過，一直這樣做的話，會漸漸使得團隊裡難以出現改良提案或想法。

究竟是為什麼呢？這邊也要參考行為分析來做說明（參考第三章的「重點」）。行為分析認為，**行為後立即的懲罰**（Unhappy）會**減少行為的再發生**。剛剛提到的案例就是，對於「提出改良提案」這個行為，賦予了「沒有褒獎、也沒有任何工作調整，只是徒增了自己的工作」這樣Unhappy的後果。換言之，就是**「誰提誰倒楣」**的狀態。

如此一來，就算未來成員腦中浮現出改良的想法，他們也只會覺得「提出來不過是增加工作量……算了吧」，於是「提案」這個行為，就會變得難以再現。最終，團隊的「挑戰」要素降低，逐漸變成不挑戰、不改良，以維持現狀為優先的組織。

千萬別成為這樣的組織。請讓成員能夠活潑地共享自己察覺到的小地方或一閃而過的主意，並且實際去執行其中的優質想法，以建立「充滿可實現之挑戰的職場」，即「擁有挑戰心的團隊」為目標吧！

本節要介紹的語詞，就是為了實現這個目標而用的一個重要的「回覆語詞」。

「我認為如果將之前提案給客戶的簡報資料，都整理成可查詢關鍵字或重點，那在製作簡報的時候會方便很多……。」

「好主意！那來看看要怎麼分配任務吧！」

「好的！我會在下次的定期會議上提出來討論看看。」

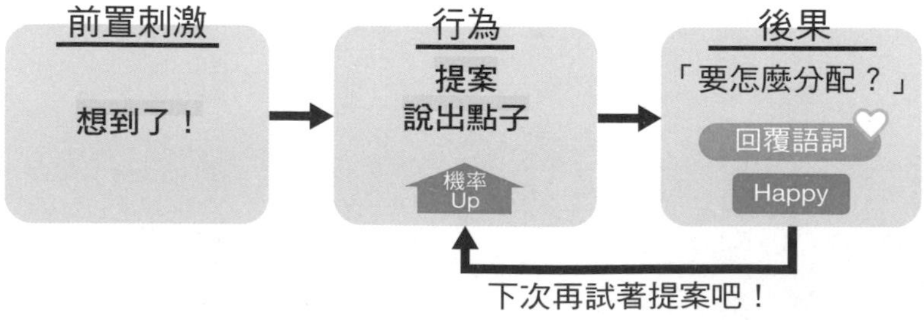

能提升「互助」與「挑戰」要素的「我們的觀點」

不把一個人的想法或提案，當成「屬於發表者的課題或任務」，而是讓它成為「大家的課題」、「團隊的課題」，是很重要的一件事。在ZENTech裡，我們會把這樣的觀點轉換，稱為「我們的觀點」。

請試著思考一下。假設你是團隊成員，當有人提出了新想法或企劃案，說了「我認為……這樣做應該會很不錯！」會怎麼回應呢？

如果，對於這個提問的反應是類似「只要從多方角度來獲得想法，讓大家討論過後，就能描繪出大致的分配狀況了！」「說出這個想法很好！還要再提喔！」這種感覺的話就沒問題，代表你能站在「我們的觀點」來看待這件事。

這裡的「我們」，有兩個重點。第一是大家互相提出意見、分擔進行，不把它當成一個人的事，而是**「我們的事、團隊的事」**；另外一點，則是「讓提案或挑戰有Happy的後果，是提案者周遭每個人的工作」——這件事很容易被忽視。不僅是領導者，周遭成員的每個反應，都掌握著團隊「挑戰氛圍」的關鍵。

30

挑 話
新 助

✕ 很好喔，期待你能順利進行！

回覆語詞

想讓新點子、想法或提案具體成形時

○ 為了推展作業，你需要誰的協助？

好不容易提出了被認為「就是這個！」「很棒喔！」的好想法，但之後卻無法具體成形，演變成「想法中途消失」的情況——這種事情之所以「經常發生」，就是因為光靠領導者一人，很難跨越各式各樣的障礙。

「這種事情沒道理做不到！」「失敗的話誰要負責？」這類說法當然是不行的，然而「很好喔，期待你能順利進行」這種雖然是肯定語氣，但聽起來就像在談論「他人事」的說法，也並不合適。如此一來，好點子很可能在還沒有被分享或提出的情況下就被遺忘和掩埋，更不用說要實踐了。

多嘴地說，像這種會做出「讓點子、提案減少」的回應的上司，往往就只會哀嘆：「我團隊的成員們，完全都沒有什麼好想法或意見！」

對於團隊來說，這是最可惜不過的了。所以，請以「推展作業需要誰的協助？」「要嘗試推行的話，需要誰一起參與？」做為對挑戰者的回應，貫徹**「不讓提案者一個人扛起工作」**這項原則吧！

「～如果這樣做，我覺得應該能夠改善流程。」

「很好！馬上來進行吧！推展作業需要誰的協助呢？」

為什麼挑戰會減少呢？

團隊裡不再出現新點子或企劃、不再有人進行挑戰、這是為什麼呢？行為分析（參考第三章的「重點」）在這裡也能派上用場。所謂的挑戰，從定義上來說，就是無法知道所做之事能否順利的行為，而其前置刺激的難度不用說，也更高了。因此，我們有必要以絕佳的「前置語詞」來加以援助。

不過，在挑戰時更加重要的，是成員採取了與挑戰相關的行為之後，所得到的「後果＝回覆語詞」。

在許多企業裡，都會專注於營造出「我們公司重視挑戰」、「去挑戰吧」這樣的前置刺激，但在「後果＝回覆語詞」的部分，卻很遺憾地做得並不足夠。簡單來說，那些僅在挑戰獲得巨大成功後，才首次給予評價或承認的公司都是。

不僅如此，好不容易拿出勇氣做了挑戰，只不過暫時進行得不順利，就要被人責問「為什麼會失敗！」或找尋戰犯、追究原因——這樣的情形也十分常見。

如果每次好不容易提出的挑戰，都這樣重複經歷著錯誤的「後果＝回覆語詞」，那不僅對提出挑戰的人會有影響，還可能擴及將情況都看在眼裡的其他成員們。如此一來，團隊的挑戰「總量」就會減少。

團隊挑戰「總量」，在成果出現「前」成敗已定

那究竟該怎麼做才好呢？

面對挑戰，**請在結果出現「之前」，就確實地以「回覆語詞」來承認「提出挑戰並嘗試」這件事**。尤其在「挑戰」開始時，**守護孤獨的挑戰者**，是極為緊要的重點。

- **前置刺激：將「可能會進行得不順利」當成前提。**
- **後果（回覆語詞）：統整協助機制，讓挑戰者感覺不孤獨，認為有提出挑戰是件好事。**

請先理解這兩個重點，再來讓團隊的挑戰「總量」增加吧！

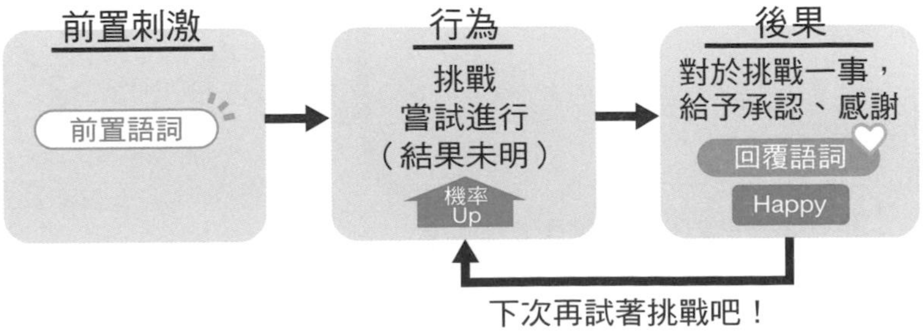

31

挑新話助

✕ 這個有前例嗎？

○ 來試著做做看吧！

回覆語詞

決意要初次嘗試時

不管是誰，初次挑戰新事物都需要勇氣。

舉例來說，想要改良業務流程。若至今為止的順序為「A↓B↓C↓D」。為了提升效率，想突然省略「C」、改變流程為「A↓B↓D」，理所當然是很困難的。可以想見，團隊裡會出現「這樣做沒有風險嗎？」等反對意見。

此時，能讓這種狀況往積極面好轉的言詞，就是「來試著做做看吧！」加上期間或次數，例如**「限定一週」**、**「只做一次」**等，也會很有幫助。

「藉由省略這項工序，可以大幅減少花費的時間及經費。假使執行不順利，也能馬上恢復原本的方式。對於這項行動，要不要以一個星期為限來試行看看呢？」

這裡的「期限、次數限定語詞」，不只能對成員運用，面對高層（經營階層等）也同樣可以使用。

「我想在我們團隊裡，以一個月為期來嘗試『十分鐘朝會』。」

為什麼要使用這樣的語詞呢？其中是有道理的。

使用「嘗試」這個詞，能讓挑戰的「前置刺激」壓力減輕，換言之就是降低心理上的障礙，讓嘗試、挑戰的頻率得以增加。只要讓團隊的「挑戰」要素升高、願意「試試看」的挑戰總量增加，從結果來看，能夠順利執行的數量也會變多。

讓「有變化很正常」的概念徹底融入

這種以**「選擇判斷、試行、修正方向」**，來取代「訂定追求完美的遠大計畫，並縝密實施」的方式，其中也引入了各種商業用語的概念。

舉例來說，近年備受矚目的決策方法**「OODA 循環」**（OODA Loop），就是以「觀察→理解→決策→行動」四個步驟來重複循環的。藉由快速運轉這樣的循環，即便處在持續變化的情況下，也能夠做出高精密度的行動。

而在系統工程、軟體開發領域裡很受關注的**「敏捷開發」**（Agile Development）。其特徵就取自「敏捷」的「快速」、「靈敏」之意義，能在開發過程中，柔軟應對規格或要件的變更。他們在「變化難以避免」的前提下，藉由「小的循環」來反覆進行開發，所以很能因應改變。

事實上，在這個變動激烈的時代裡，比起「每三年進行一次大規模改良」，採行「多次小規模改良」，不是更能夠獲得良好的結果嗎？

OODA循環或敏捷開發所重視的，就是「增加嘗試的頻繁度」。請把「來試一次看看」當成你的口頭禪吧！

藉由這句口頭禪，可以讓成員得到以下訊息——

- **領導者歡迎「嘗試」的態度。**
- **「嘗試」可能順利，也可能不順利。**
- **重要的是要掌握狀況、找出需要改良的地方，再重複「嘗試」。**

若在如此思考的同時，團隊裡能開始產生「歡迎挑戰，就算暫時進行得不順利，那也在預期之內」的氛圍，幾乎就可以說是大功告成了。

「即使是沒有前例或實際成績的想法也被採用了！」「跟現狀不同的想法、手法或假設，也都受到歡迎」——在這種「挑戰」要素升高的場合裡，鬆開通往自由發想的剎車，應該就可以更進一步、更有開創性地相互交流了吧！

32

挑新 話助

✕

狀況很順利，
就照著這樣進行吧！

前置語詞

工作沒有問題地進行著，但想要更進一步挑戰時

為了拿出十倍成效，
來想想有沒有想要嘗試
的事情吧！

若希望發想出能提高「挑戰」要素、超越當前思考框架的想法，那試著讓團隊全體一起思考，與正常路線截然不同的「極端目標」，是很有效的做法。

比較常見的目標如：「營業額要比去年高五％」，通常只要「增加業務人員」、「提升廣告預算五～一〇％」、「努力加班」……靠著這些強化過的「預期內的主意」，把正在做的事情做得更徹底，就已經足夠了。

但是，如果想要讓營業額增長「比去年高十倍」，那就有必要大膽地重新發想諸如「大幅度提升單價」、「重新檢視商品陣容」、「將手工作業自動化」等等這類的想法了。

姑且不論實現的可能性，從「挑戰」的觀點來看，**「更大規模地重新檢視企業經營」**是很重要的。這能夠給予容易集中在當前業務上的成員們刺激，並拓展他們發想的框架。

為此，請嘗試提出這種容易理解的「**十倍成果**」，或者再大個一位數（比目標數值再多一個零）的刺激方法吧！

「我們官方Twitter的跟隨數雖然只有兩萬人，但如果想要達到二十萬人的話，你們覺得應該要怎麼做呢？自由地發想、思考看看吧！」

「一下子要升到二十萬人嗎？這可是藝人帳號的等級啊！」

「不過，看看有些什麼想法，或許還是有可能的吧！」

「像作夢一樣的想法也可以說嗎？像是被韓國流行偶像轉推之類的？」

「這不錯耶，那得先跟隨他們的帳號才行啊！」

「先整理出當紅藝人的一覽表或許不錯？」

上述例子，覺得如何呢？或許你會認為「淨蒐集到這種想法……不太現實啊」也說不定。

如果現在團隊有很多想法，那把重點放在「想法的品質」上，確實會更有效吧！不過，假使現在連一個想法都拿不出來，就請首先以想法的數量作為目標吧！活用這個語詞來給成員一個發表想法的機會，把至今沉睡在負責人心裡「這麼微妙的事情可以說出來嗎……」的眾多想法，全都搖醒吧！

「重新架構」思考的框架

拿掉思考的框架，我們稱為「**重新架構**」（Reframing）。如同字面意思，這代表著要重新檢視思考的框架。

通常，我們多半都是從自己的視角、現在的視角、手能觸及的現實及日常的視角來看事物的。如果能離開這樣的框架，改以他人或客戶的觀點，去思考長期的未來視角或是非現實的跳躍想法——像這樣切換立場或視角來思考，將能夠激起至今為止未曾想過的柔軟發想。例如：

- 十年後的自己**看著如今的我，會給出什麼建議？**
- **如果，**日本第一的業務員**來我們公司的話，他會做些什麼？**
- **要我不發表意見，**反過來說，**就是要確實地聽聽別人說的話吧！**
- **如果有競合，**為了讓我們獲勝，**應該準備怎麼樣的策略呢？**

利用這樣重新架構的言詞再加上「追求十倍的成果」，便能夠讓對方跟自己的思考「朝著框架外」流去。這個脫離常識框架的提問，也有著能夠讓意見跟想法更容易被提出來的效果。**因為對於已知沒人有正確答案的提問，也就沒有必要害怕會答錯了。**

33

挑話
新助

× 我們的經營階層，什麼都不懂。

〇 這就是要動腦筋的時候了。

回覆語詞

努力思考出來的企劃被打回票，但還不想放棄時面對所謂「高牆」的時候，如果有默念這句話的習慣，將有助於提升團隊整體的心理安全感，尤其是「互助」與「挑戰」的要素。

認為「可行」的企劃或想法被打了回票；無法與難搞的客戶取得突破；計畫沒能如願獲得成果；想法陷入停滯狀態……。在上述這些情況下，希望你能夠「喃喃自語」地運用這個語詞。

如同**語詞27**提到的「自泌」概念，以自己的耳朵聽自己說的話，有助於整理思緒、獲得新提示或發現，有時還能夠轉換心情。

如果自己所說出來的話，是絕望、自暴自棄，或歸咎於他人的，對你將不會有任何益處。甚至有些人認為，之所以不該說別人壞話，是因為「這些壞話，聽得最多的人就是自己了」。

相反地，像「這個，放著不管也沒關係吧！」「會變成怎麼樣呢？」這類**過度樂觀的發言也是需要留意的**。因為這會讓人覺得「領導者是不是搞不清楚狀況啊？」結果導致周圍的人更加不安。**危機就當成危機來看待，並且展現出對現實的認知**，這樣一來處於難關的團隊才更容易團結起來。

這時候，就該讓「這就是要動腦筋的時候了」這句話出場了。

「原本是做好萬全準備的，但接到回覆說『這個價格區間的話有困難』，連報價單都被退回

來。看來已經沒辦法簽約了。」

「原來如此，這就是要動腦筋的時候了。來想想接著該怎麼做吧！好像聽說下個月開始，有場活動是嗎？就是部長在會議上提到的那個……。」

「啊，是指『春天的雀躍不已活動』嗎？」

「沒錯沒錯！就用那個的價格再嘗試去提案一次如何？簽約時期稍微晚一點應該也沒有關係吧？」

「這麼說起來，客戶確實曾經問過幾次『價格沒法再低一點嗎？』若是稍微調降價格，說不定就能談得成了。我來聯絡看看吧！」

「是該動腦筋的時候了」這句話，是能夠讓說話的本人，以及對話者都開始思考的語詞。在與客戶或交易對象商談時也一樣可應用如下——

「我自己也是希望能跟貴公司合作的，但沒辦法讓上司點頭啊……。」

「謝謝你。那就是該動腦筋的時候了呢！」

困惑時，試著先表達出來

當處在絕境或想法無法統整的時候，首先請試著將想法化為語言，然後表達出來。喃喃自語或說給誰聽都可以，藉此你將可以整理腦內思緒，並更容易獲得進展。

如果你覺得自己是比起「用耳朵聽」，「閱讀文字、觀看圖像」會更容易理解的類型，那麼也可以將「用口說、用耳聽」的方式，改為「用手寫，用眼睛看」。把腦子裡面眾多雜亂的想法，試著以文章或簡單繪圖的方式整理一下。

這些事若由團隊全體來做，就稱為**「圖像記錄」**（Graphic Regording），是一種能夠在會議或專題討論會上即時以圖畫進行整理的手法。邀請擅於「圖像記錄」的人來參與會議，在大家說話同時，當場將內容轉變成圖畫，也可能會幫助你們找到意料之外的突破口喔！

34

挑 話
新 助

✕ 會很辛苦呢，加油啊！

○ 有沒有什麼工作是可以減少的呢？

前置語詞

已預料到會增加新工作時

特別當主題是業務改善時，諸如「這樣做比較好」、「那個也應該要做」這類，朝著業務增加的方向討論的情況應該很多。現有的業務就照現狀做，再以追加形式增加需要多花費的工夫，雖然團隊全體工作量增加、變得忙碌，但卻沒有出現什麼顯著的結果，最後全體都深感疲累……。你也有過這樣的經驗嗎？

假使什麼都不改變，團隊的資源自然也就不會增加吧？然而成員各自的能力、動機、時間、預算……只要這些條件都一樣受到限制，那麼一旦增加業務，就得**同步思考如何減少現今的業務**——這應該算是合理的想法吧！

不過，要由成員來指出哪些事情不做比較好，會有些困難。「這個是不是也別做了？」這樣的發言，或許會被周圍的人曲解為「沒有幹勁」也說不定；如此一來，成員對於不做的風險或帶來的不良影響，也無法全都看透。最重要的是，難道該名成員至今為止都做著所謂「別做會比較好的事」嗎？應該沒有人想要認為「至今為止，我跟夥伴都在做著無用的事」吧！

正因如此，**「別做了」的這句話，由領導者開口提出**、營造前置刺激就很重要了。

請由領導者適當地提出：「有沒有什麼工作是可以減少的呢？」

「我收到了聯絡，接下來要增加一間新加盟店。是位於市區的大型店面，我認為從強化品牌

的意義上來看，這件事是很歡迎的。」

「是，對我們來說，這是期待已久的市區第一間店吧！」

「所以，我想要來整理一些『不做比較好』的任務。」

「啊？『不做比較好』是指什麼呢？」

「展店之後，我們的運作或任務，預計都會比目前增加許多。聯絡調整業務就不用說了，有時候還可能需要店鋪成員訓練、派遣支援人手等，這些情況都是可以預想得到的。不過，我們團隊的成員無法立刻就增加。有沒有能夠不做的作業呢？來重新檢視一下目前的業務流程吧！」

「那個……。」（還是覺得不太好開口）

「假設，現在一定要找出一項停下不做的事情，要選哪個呢？」

「……每月的××報告，裡面的○○部分，實際上應該是誰都沒在看的數字吧？」

早點對「過分努力的員工」伸出「援手」

當然，這不是在否定「改良業務」或「新舉動」。而是為了以更萬全的體制來嘗試、接受新事項，所以才得「找出要中止的事情」。

這句語詞還有著守護成員的目的，這部分也值得注意。為了防患未然、避免成員負擔過重，特意表示「來找找看有沒有不做也可以的事情」——能夠像這樣在團隊倒下之前，及早減輕負擔才是好的。

明明成員都努力地工作著，卻要對他們這樣說，在某些情況下確實有些難以開口吧？這種時候，可以加上**「○○先生的時間跟才能，應該要用在更重要的地方」**這樣的修飾語，再試著開口看看。

做為領導者，也請考慮到「需要經常應對上司」這一點。我們的團隊就曾經在公司的大型活動期間，向經營階層表示：**「這兩個星期，請暫停新的商業談判！」**做出了如此迴異於業務部平常策略的決議。即便如此，團隊還是很忙碌。而在活動總算成功結束後，我們獲得了來自經營階層的大力稱讚：「那個判斷很正確！」

我們所希望成為的「高心理安全感團隊」，是成員在察覺到問題或風險時，能夠自發性提出意見的團隊。想要達到這一步，請領導者們搶先以「有沒有什麼工作是不做了會比較好的呢？」來提出協助吧！

35

挑新 話助

✕

有什麼好主意嗎？

前置語詞

想向新成員募集意見或觀點時

〇

〇〇先生是怎麼看的呢？能告訴我嗎？

該如何讓新夥伴能夠順利地搭上船、並做為戰力的一部分活躍起來呢？這種「對新成員的歡迎」，最近越來越常被稱呼為**「加入團隊」**（On-boarding）。

當然，舉辦午餐會、跟團隊的每個人進行一對一討論也很重要，但這邊想告訴各位的，是在會議中能做到的On-boarding方法。

例：在會議的尾聲或議題改變的時間點

「○○你是怎麼看的呢？能告訴我嗎？**有些微妙也沒關係，請務必告訴我吧！」**

「謝謝你。事實上我有些地方蠻在意的……。」

「原來如此，很不錯喔。關於△△的部分，能再稍微詳細點告訴我嗎？」

最讓人困擾的，應該是**「裝作已經瞭解的成員」**以及**「認定對方應該能夠理解的領導者」**——這些才是多數失誤的根源所在。對「不瞭解的事情」就應該說「這裡我不是很瞭解……」；遇到「覺得有點怪的事情」就說「我對這部分有點在意」，有著能夠將這些話及時、輕鬆地開口說出來的關係，才是有心理安全感的團隊。

藉由正面體驗加入團隊

說起來有點像在開玩笑，不過為了讓成員成為戰力的循環就是「啊！喔！喝！耶！」體驗。這尤其對中途加入或因人事異動而加入，在前職場已有經驗或專業的成員有效，是能使其形成戰力的過程。具體來說就是——

- **啊！體驗：察覺到哪裡不太對。**
- **喔！計畫：以上述察覺為基礎，制定小計畫、措施。**
- **喝！推進：獲得同伴，往前推進。**
- **耶！體驗：順利完成！獲得稱讚！**

這樣的循環，能將**「團隊中的小小成功體驗」**給模式化。而這個循環的第一步驟便是「體驗」，能將其引導出的「前置語詞」則是：「○○你是怎麼看的呢？能告訴我嗎？」你應該可以看得出，這比起突然問「有什麼意見嗎？」更容易回答。

如同在剛剛例子裡所看到的，對方回答後，我們會用接下來要介紹的「回覆語詞」**語詞36**

「很好喔！能再多告訴我一些嗎？」來接受回應。像這樣表達接受，會讓對方更容易說出自己感覺到的不協調感或觀點，也更容易進入到「喔！計畫：那對於這樣的不協調感，你怎麼看呢？」

「喔！計畫」不是說句「那，就做吧」然後整個交給別人就好，而是要運用**語詞29**「來看看要怎麼分配任務吧！」及**語詞30**「為了推展作業，你需要誰的協助？」以「推進」方式，來讓成員及周遭團隊夥伴共同前進。

當然，如果能就這樣獲得了成果，就會得到「耶！體驗：靠大家的協助進行得很順利！」讓包含新成員在內的團隊全體，都累積到小小的成功體驗。

即便沒有獲得成果，你也可以活用後面會介紹的**語詞38**「請讓我分享〇〇先生的挑戰」，這會是很好的做法。另外，遭逢不順利或遇到危機時，也請參考第六章「把危機變轉機的語詞」。即便沒有獲得成果，藉由使用正確的「回覆語詞」來接受，還是可以有效創造出讓成員們往前邁進的「體驗」。

就像這樣，把本書介紹的語詞組合搭配成「啊！喔！喝！耶！」循環，一定可以設計出更好的On-boarding體驗的。

36

挑話
新助

✕ 這個對我們來說很難啊……。

回覆語詞

稀奇的點子或不現實的巨大想法出現時

○ 很好喔！能再多告訴我一些嗎？

每當我跟管理階層的學員們說「讓我們歡迎新觀點的出現吧」，經常會聽到的疑問就是：「但是，如果出現跟我們公司情況完全搭不起來的意見時，該怎麼辦才好呢？」會有這樣的擔憂，我們很清楚。

當然，團隊裡總會有「最低限度的技能、常識、共識要求」，例如：對於以註冊會計師為中心組成的監察團隊來說，「閱讀各種財務報表」就是最低要求；由醫師、護理師組成的醫療團隊，就至少要能「處理心肺復甦初期事項」。

不過，確認這類共通認知是否存在，應該是在打造團隊的階段就要做的事，而不是等到團隊組好之後才做。如果連最低限度的技能要求都沒有，那依據情況，連最佳配置都一同納入考量也是可行的。

如果現今的團隊沒有技能，且連轉換配置都有困難，那現實唯一可行的做法，就是把「為什麼連這樣的事情都辦不到！」的憤怒擺在一旁，先致力於教育投資，建立起「訓練框架」。**因為成員的技能並不會在你斥責的過程中，自動提升**。

解決「最低限度的技能、常識、共識」之後，依據「一起來執行」的前提考量，請務必要重視**「歡迎離題」**這一點。

歡迎離題，可以提升多元化及「鼓勵創新」要素

如果是處在變化和緩的時代，身為管理階層、領導者、前輩、資深員工的「我們」，應該就會更清楚「正確答案」。

然而在變化激烈的現今，對方是不是搞錯重點？還是自己離題了？答案就不是那麼地清楚明白了。

有時候過去是「正確答案」的方法，現在卻已是「錯誤解答」了——而且，很可能你自己就是被過去的「正確解答」與「成功經驗」給禁錮住的。

若能保持「在現今這個時代，或許是我自己有些地方搞錯了也說不定」的態度，並活用「很好喔！能再多告訴我一些嗎？」這個語詞，就可望提高「鼓勵創新」的要素。

提升鼓勵創新的要素，與實現「DIB」有關。Ⓓ代表Diversity，也就是多元化，指擁有國籍、性別、年代、工作方式、文化等層面相異的觀點與立場。Ⓘ代表「包容性」（Inclusion），是指被接受了的感覺。在日文用法裡經常會把Ⓓ與Ⓘ合為「Diversity & Inclusion」來運用；而在國外，則是更重視Ⓑ（Belonging），也就是自認為組織、團隊一分子的「歸屬感」。

團隊是否多元化，可以很容易用客觀、定量的方式進行測定，但包容性、歸屬感隨著進展，

會變得主觀、定性，因而難以測定。

不僅只有Ⓓ而已，從組織、團隊的表現來看，擁有Ⓘ及Ⓑ也是很重要的。

也就是說，組織團隊裡不僅要擁有Ⓓ多樣的人、多樣的觀點、多樣的思維，還需要讓這些多樣的人們能夠被Ⓘ包容，並擁有Ⓑ歸屬感，如此才能夠真正在會議場合裡表明自己的觀點或意見，並回饋到團隊、組織裡，進而對組織與團隊的表現做出貢獻。

簡單來說，透過Ⓘ包容性與Ⓑ歸屬感的醞釀，Ⓓ多元化成了關係著團隊表現好壞，構成心理安全感的重要作用之一。

心理安全感，與DIB的成果相關

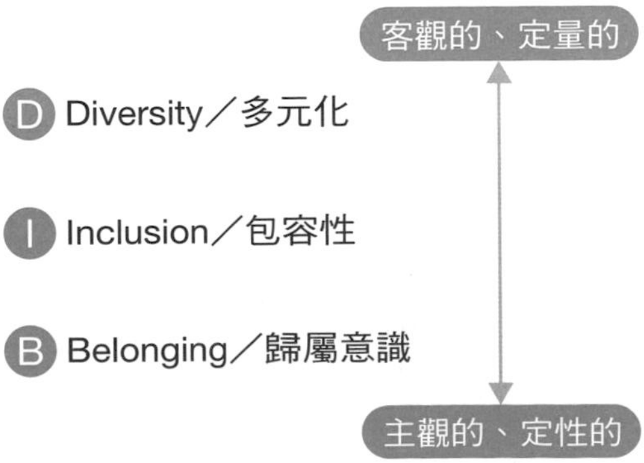

37

挑 話
新 助

✕

現在進行中的案件，
沒什麼問題吧？

回覆語詞

挑戰中，但似乎無法如願獲得成果時

〇

謝謝你嘗試了〇〇，
很期待會學到什麼。

在挑戰中，各式各樣「不順利的事情」是難以避免的。

就算狀況不如意、可能無法獲得預期的成果，也請像下面的例子這樣，試著運用這句「回覆語詞」。

「現在進行中的新活動，在集客方面還不如預期。」

「這樣啊，新的事務有很多地方還沒辦法全數掌握呢！」

「是的，不過這是我自己想出來的活動，還是希望能有好結果。」

「謝謝你嘗試活動跟新概念，很期待會學到什麼。讓我們一起想想，能做些什麼讓情況稍微好轉吧！」

「好的！麻煩你了！」

遇到上述這種情況，許多人都會因為擔心而禁不住想詢問：「集客狀況不順利……，這樣沒問題嗎？」這種心情我們是很能夠理解的。然而，實際上並不建議這樣詢問。因為這個提問並非是為了對方，而只是要讓詢問者本人安心而已。

被提問的人，不可能是為了想要自信滿滿地對著無法確定的事情說出「沒問題！」才進行

「挑戰」的吧！如果要讓團隊的挑戰總量增加、打造出充滿挑戰心的團隊，首先就請對**「挑戰」**、**「嘗試行動」**、**「報告挑戰的過程」**這些事情傳達感謝之意吧！在傳達感謝之時，也請務必將「期待能學到些什麼」這個句子一併加入。

藉由「實驗思考」，來達到「發現、學習」的目標

成功會受到注目，但失敗告終卻連評價都沒能獲得——這不僅會打擊挑戰的人，團隊全員也都可能因而失望喪氣。萬一還被追究「所屬團隊也有連帶責任」，這怎麼想都是在積極地減少挑戰的數量啊！

若成員曾有過上述經驗，那想要進行挑戰時，他就可能會浮現「萬一失敗會讓上頭生氣啊」、「是會有懲罰的啊」這類想法，對於挑戰變得躊躇不前。

能夠防止這種情況的，就是以**「實驗思考」**為根基的「很期待將會學到些什麼」這句「回覆語詞」了。

所謂的「實驗思考」是什麼意思呢？

在研究開發的領域裡，研究者會重複進行「實驗」，以「找出做得順利或不順利的部分」並加以改善，如此便能逐步接近較大的成功。在以製藥產業為本的調查中，甚至還有**「迅速、小**

型、大量的失敗情況，從結果來看更容易獲得大成功」這樣的分析結果。

我們每天藉由在工作裡進行的各種挑戰，也能是一種「實驗」。比起從「實驗」中獲得結果，「瞭解」才是其真正作用。透過修正路線過程中所做的發現、洞察、學習，來提升「下次挑戰的成功機率」正是目的所在。這與在**語詞31**裡提到的「OODA循環」、「敏捷開發」，也有著異曲同工之處。

這句「很期待會學到什麼」，其言外之意，就是比起「成功」，更應聚焦於「發現、學習」。至今為止，一提到「挑戰」，就會想到「成功／失敗」而焦慮不已的你，也請從「把挑戰當成實驗」以及「把不自覺會說出的『失敗』改成『發現』」開始，朝著培養充滿挑戰心的團隊努力吧！

38

挑新話助

✕ 那個案子，進行得還順利吧？

○ 請讓我分享〇〇先生的挑戰。

回覆語詞

正進行挑戰，還不知道成果如何時

在本章裡，我不停反覆想要傳達的重點，就是比起「尋求成功」，更應先做到「歡迎、評價、稱讚及承認挑戰」。在這一點上，我們不僅能夠直接向該位成員傳達感謝、提升評價、給予獎賞或激勵來承認與稱讚，也能夠很簡單地以「與團隊全員分享」、「宣告正在進行挑戰」的方式來實現。

「各位，今天請讓我來分享A先生的挑戰！現在我們進修團隊正進行各種試錯，想要讓受講人數上升到目前的兩倍。通常人數增加，滿意度或進修效果常常就會下降，A先生為了兼顧這兩者，下了不少工夫。A先生，關於這部分，能夠跟我們分享一下嗎？」

「其實成果要之後才會出來，因為還在挑戰當中……。」

「那當然沒問題，請務先必跟大家說說吧！」

「我思考過要怎麼做，才能在人數增長同時還提升滿意度。我認為接受進修課程的受講者們想要的，果然還是第一手的知識見解，所以就……。」

像這樣的「挑戰分享」，對於本人來說，會逐漸變成對挑戰的「回覆語詞」；而對於接受分享的團隊全員來說，則能夠發揮出「前置語詞」的功效。因為團隊已經透過實際案例，傳達了

「進行挑戰在這個團隊裡能夠獲得如此稱讚」的訊息。這比起持續呼籲「挑戰吧！」效果還要更勝一籌。

再者，透過這種挑戰的分享，也能夠提高「互助」及「鼓勵創新」的要素。

事例被分享後，當事人以外的成員可能會發現**「如果是這樣，我好像可以那樣協助」**，成為找到自己能做之事的關鍵；另外，**「還有這種挑戰啊，那個觀點雖然沒想到過，但很重要啊」**這樣的想法也能讓人觸及到新的思考方式。

分享挑戰時，由本人來發言、說出想法是最有效果的。事前可如以下範例來拜託對方。

「前些日子你告訴我的『觀點』，我以『從業務角度來看』的方式，傳達給至今為止不怎麼配合的××部門，以期提高互助要素。」

來分享〇〇先生的挑戰！
我會努力的！
我也來試試看吧！
有什麼能幫忙的嗎？
OK例
挑戰吧！挑戰吧！挑戰吧！挑戰吧！挑戰吧！挑戰吧！挑戰吧！挑戰吧！挑戰吧！挑戰吧！
我、我會努力的！
真不希望失敗啊…
NG例

「很好啊，請把〇〇先生這次的挑戰分享給大家吧！在本次的會議上，就拜託〇〇先生說些話了。」

「雖然說是要分享，但是還沒有獲得什麼結果……。」

「不會啊，『學到的事情就立即用來挑戰』這一點，很希望你能分享給大家。」

拜託對方時，也請務必把「並非要追求短期成果，而是歡迎挑戰的出現」這樣的訊息給傳達出去。

至今為止的前四章裡，已經介紹了各種能夠增加「挑戰」的語詞。請把它當成一場不知能否順利成功的「實驗」來嘗試看看吧——改變一句語詞，從「挑戰＝實驗」開始，打造充滿挑戰心的團隊！

重點

讓「領導力」與「追隨力」最大化

「為了成員們，得打造出有心理安全感的團隊才行啊……。」

我曾經遇過很多因此備感壓力的領導者。但是，提高團隊心理安全感的任務，其實不必由領導者一個人孤獨擔起。因為打造心理安全感的前提，就是團隊的**「全體合作」**。

團隊當中，多少還是會有些成員抱持著「這是領導者的工作吧，麻煩你了」、「因為團隊尚未具備心理安全感，這件事我做不到」的想法，把任務當成他人的事情來看待。若周圍成員都是這樣的心態，那跟身為當事人的領導者之間就會產生距離感，團隊的管理也會變得困難。

當然，領導者的影響力還是很大的，但首先最重要的，是讓團隊全體都意識到「營造具有心理安全感的團隊，是領導者與全體成員的職責」。

領導力並非領導者專屬

為了營造出良好的團隊氣氛，首先就來關注一下成員們的動向吧！卡內基・梅隆大學

（Carnegie Mellon University）的羅伯特．凱利教授（Robert Kelly），於一九九二年時提出了「追隨力」的概念，並做出以下的定義。

「對於領導者的言行舉動提出建設性批判，並會自發地負責業務以上的工作。」

如何呢？這可是一種面對領導者也能擁有很高的「敢言」要素，包含「互助、挑戰、鼓勵創新」在內，心理安全感四要素都能有效提升的行動特性呢！

一般我們聽到「追隨者」，應該會認為是「順從地依循領導者指示的人」吧？然而，若從凱利教授的定義來思考，能夠發揮出追隨力的人，反而是「能向前邁進的人」。

為了讓團隊更快地獲得更好成果，就要讓任何人都能發揮領導力，且周圍的人皆處於能對所有領導力充分發揮出追隨力的狀態——換言之，就是以**「領導力與追隨力的最大化」**為目標來努力。

現在自己的團隊裡，能夠發揮出這種追隨力嗎？如果想要判斷這一點，應該怎麼做才好呢？

擁有追隨力的團隊，每個成員面對提案或計畫時，都不會當成是別人的事情，而是當成「我們的觀點」。你們團隊在一個人提出「想要做這個」時，周圍人的參與情況是如何的呢？請試著觀察看看吧！

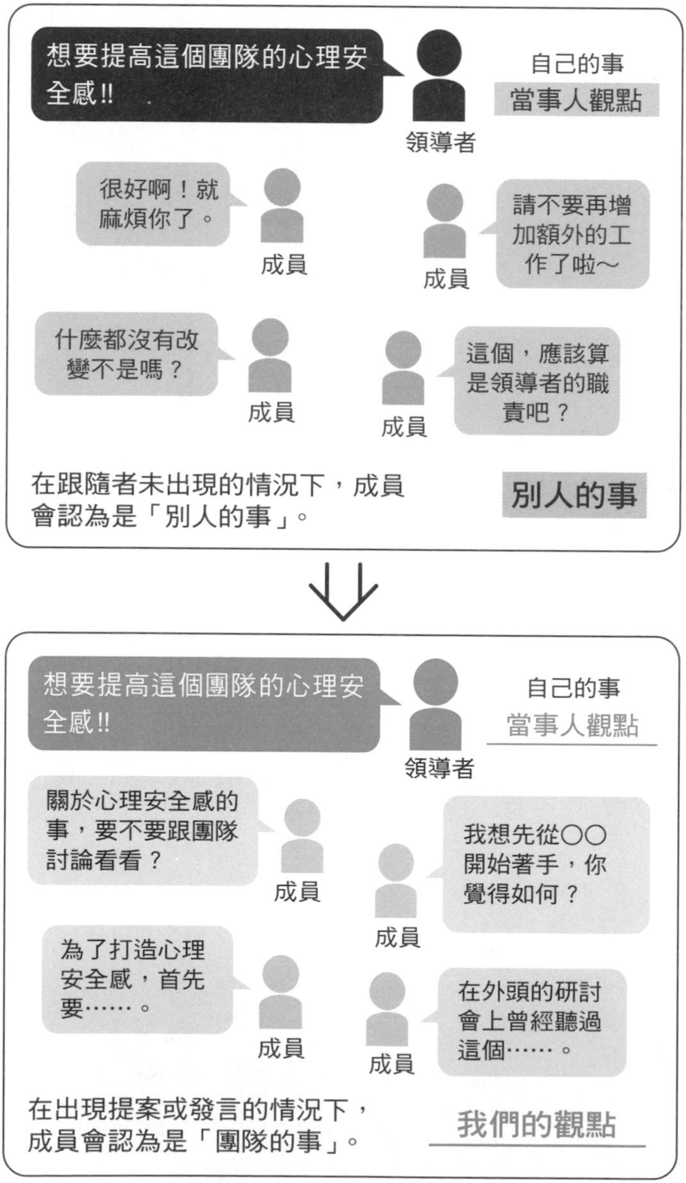
想要提高這個團隊的心理安全感!!
領導者
自己的事
當事人觀點
很好啊！就麻煩你了。
成員
請不要再增加額外的工作了啦～
成員
什麼都沒有改變不是嗎？
成員
這個，應該算是領導者的職責吧？
成員
在跟隨者未出現的情況下，成員會認為是「別人的事」。
別人的事
想要提高這個團隊的心理安全感!!
領導者
自己的事
當事人觀點
關於心理安全感的事，要不要跟團隊討論看看？
成員
我想先從〇〇開始著手，你覺得如何？
成員
為了打造心理安全感，首先要……。
成員
在外頭的研討會上曾經聽過這個……。
成員
在出現提案或發言的情況下，成員會認為是「團隊的事」。
我們的觀點

為了讓團隊擁有「我們的觀點」，在領導者的立場上能夠做些什麼呢？**「好的領導者，也是好的追隨者」**這一點還蠻常被提到的。

「○○先生，我想試一下這樣的工具，希望能夠讓業務更有效率些……。」

「謝謝你！如果不行的話就改回來也沒關係，請務必試試。有什麼我能做的嗎？」

如此簡單的互動，也正是「領導者發揮追隨力」的好例子。展現出對成員想法的關心，並表達能夠提供支援，就能讓「成員發揮領導力」的機會變多。

領導者越能夠以柔軟的態度、強大的行動力來應對，團隊成員就會越活躍，相對地，也就越能夠拿出好成績來。

領導力與追隨力的最大化，在提升心理安全感上是極其重要的。「領導者能夠發揮追隨力」的團隊，其「敢言」及「互助」要素會提高；而「成員能發揮領導力」則有助於提高「挑戰」及「鼓勵創新」要素——而且，兩者還會產生加乘效果。

第5章

鞏固人脈！把客戶變「夥伴」的語詞

為了跟客戶或交易對象
變成「好團隊」，
心理安全感也是很重要的。
越是牽連許多人、大規模的計畫，
與「夥伴」朝著同樣方向前進的重要性
就越會顯現出來。
本章要介紹能超越自身公司組織，
來營造心理安全感的語詞。

39

挑話
新助

✕ 敝公司提供的服務是……

○ 讓我們一起……。

前置語詞

所有商談適用

想要與客戶、顧客築起心理安全感，重要的是什麼呢？

「營業的一方與其相對人」、「物品的賣方及買方」、「提供服務的一方及接受方」……如果始終保持在這樣的對立面上，不但很難解決客戶的問題，也不會產生加乘作用。

我們應該與客戶「一同著手進行」、「一起累積嘗試錯誤的經驗」——換言之，培養出**與客戶同屬一個團隊**的心態是很重要的。

最初，希望你把注意力放在主詞上頭。**請從「敝公司、我方」，改換成「我們」**。「我們」所指的，不僅是你的公司、所屬單位，而是連客戶或委託者都包含在內的「我們」。重視這個用語上的微小差異，是為了除去對立面、以「團隊」角度看往同一個方向，所踏出的第一步。

「我方向貴公司提出的解決方案是……。」現在回頭看看這種提案的說法，應該已經能夠感覺到其中完全不同的語感吧！

當你使用「我方」作為主詞，會讓客戶（商談對造）難以融入。他只會當成在聽別人的事，或覺得「反正付了錢，之後就會有人處理了吧」，這會助長「只是買賣關係」的認知。

因此，請盡量把主詞改成「我們」。如此將會帶有「你（客戶）已經是這個解決問題計畫團隊的一分子了啊」的涵義。而這樣的說法，有利於「不能只交給對方」的「互助」要素，以及「借用外來的經驗知識，來實踐好計畫吧」的「挑戰」要素之提升。

「我想提高心理安全感，正在考慮要拜託你們辦演講等活動。」

「感謝你。有什麼課題是需要我們一起，藉由演講活動來解決的嗎？」

「這個嘛，說起來有些難以啟齒。事實上……我們的董事對大家說『送上來的資訊，彷彿是修飾過的，看起來不像正確資料。這樣沒辦法好好進行經營上的判斷。』」

「原來如此，是這樣啊。」

「因此，首先希望能營造出讓成員或管理階層認為「報告事實即可」的氛圍。所以想說心理安全感是否就是關鍵所在呢……。」

「情況我已經瞭解了。這樣的話，與其辦理單場的演講來獲取知識，不如更進一步地促使管理階層的諸位，在行動上有所改變會更好一些。」

打造「課題VS我們」的構圖

「即使是委託者，也是以解決問題為目標的團隊一員」。然而也有些客戶並不接受這樣的想法，對於覺得「已經支付了足夠的對價，所以想要都交給專業的處理」的這種客戶，想要一下就讓他們具有當事人意識，是很困難的。此外，我們也有必要以實力或想法來獲得認可，讓對方認為「如果是跟這些人，會想要以團隊的方式來努力看看」。

依據情況，第一次只是單純以外包角色的形式來配合，但在工作上取得了認可；於是第二次開始，以團隊方式進行——這種案例也是有的。請不用勉強，試著藉由時間讓對方慢慢具備「我們的觀點」吧！

「應該由我們一起解決的課題是什麼呢？現在方便再確認一次嗎？」藉由偶爾提起這種事，**能夠共享「課題VS我們」觀點的「一起來思考吧」姿態**就會產生。

40

話助挑新

✕

今天，該怎麼做呢……？

前置語詞

在商談初啟時

〇

今天，在這邊要……。

（取得對目的、進展方式的同意）

若想要在與客戶商談的場合裡，建立心理安全感之類的機制，就請把焦點放在**去除客戶的不安上**。

客戶的不安，是什麼呢？

初次見面時，他們的不安可能是「負責人是怎麼樣的人呢？」「是正當經營的公司嗎？」第二次以後可能是「能讓我們把想說的話都講出來嗎？」「今天，能有所進展嗎？」——不安，一直都是起因於**「不明確的事」**。

如果商談初始，客戶聽到你說：「今天要怎麼做呢？」恐怕會覺得：「難道你沒有先準備好嗎？」而感覺不安（若客戶已經準備完全、有預備好了的事物，當然還是請先詢問客戶）。

對接下來的說明，或許很多人會覺得非常理所當然——商談一開始最需要的，就是**確認至今為止的脈絡或目的，並取得對於目標的同意**。但是，「確認、取得同意」這件事，卻意外地容易被忽視掉。

尤其是提供服務的一方，對於商談都有著自身的慣性，很可能會不顧客戶反應地一直說下去。「別急著推銷」、「當成團隊合作慎重地進行」是很重要的。

構築心理安全感並不是靠著「一發強力的銀彈」就可以搞定的，累積小小的行動很重要。即使是面對客戶或交易對象，這一點也是相同的。對於這些理所當然的重要事務，也請同樣理所當然地做好積累，以營造心理安全感。

例如：在統整對方給予之課題的會議即將開始之際，請先壓抑住想要立即進入正題的心情，優先說明當天會議時間的分配，並互相理解。

「○○先生，前些日子謝謝你了。今天想要對我們所收到的課題來做個相關說明，以及確認進修的實施時程表。**○○先生是否有想到任何其他的議題？或是有什麼想要先說的嗎？」**

「謝謝你。今天敝公司的××小姐三十分鐘後必須先離席，是否能從她所負責的相關事務開始說起呢？」

將我方想出的議程傳達給對方，並確認是否有追加項目，這種做法可以消除「會議上會提到哪些話題？」的不安感。

另外，還可以有效地進行相互確認，從這段日子是否有尚未更新到的資訊、其他競爭公司的狀況、公司內部意見或上司的意向等等，詢問、更新這段時間的資訊落差，將更能讓彼此成為「團隊」、朝著相同方向前進。

找出不明確的事，把它弄清楚

第二次以後的商談，很可能會有之前未曾在場的高位者或負責人出席。尤其當客戶之中有首次出現的人到場時，一定要先從打招呼或簡單的破冰法切入，促使前來參加的每個人都容易開口說話。

能在商談中與客戶建立友好夥伴關係的商業人士，也會擅於發現過程中不夠明確的事物。在商談開始時使用這句語詞自不待論，但其實在整個商談過程中，談話至今想傳達的事情是否傳達到了？想要消除的疑慮是否已經消除？對方想說的話有無好好讓對方說出來？這些都需要仔細觀察對方的狀況以及表情，並且做出反應。

有時候，我們得藉由「關於這部分還不太清楚對嗎？」「這個事項目前還沒有決定呢！」來將那些討論還不夠清楚的部分給提出來，與對方共享。這比起「對方似乎有什麼部分還不瞭解，但我不知道是哪部分」的狀態來說，已經是很大的進展了。主動留意「不瞭解＝不夠明確」的部分並跟進，來建構出心理安全感吧！

41

挑話
新助

✕

這次案件的目的，是什麼呢？

◯

這個案子結束時，在你的理想中該是什麼樣子？

前置語詞

想知道目的時

如果你是業務人員，應該都曾經聽上司或前輩說過「客戶的目的是什麼？」「要確實掌握客戶目的」吧？也因此，你容易不自覺地，直接向客戶詢問：「這次的目的是什麼呢？」

然而，這樣的語詞並不能夠順利引出「真正目的」。

反之，當想要知道目的時，採用「在你的理想中該是什麼樣子？」這樣的提問，讓對方自由回答，不僅能得知目的，連想法跟價值觀都可以知道得一清二楚。客戶藉由回答，心裡對於目的或目標的想像也能變得更加明確，而關於這一點我們當然也會得知。

NG案例

「這次〇〇先生想要蓋新房子的目的是什麼呢？」

「這個啊，突然這麼問我一時還答不出來呢……由於有預算四千萬日圓的限制，我就只是想在這範圍內能盡量蓋間好房子出來吧？」

OK案例

「為了能打造出一間更好的家，首先想要請教〇〇先生的夢想。建好這間房子之後，在你的理想中，覺得要在裡面過著怎麼樣的生活呢？」

「這個嘛……希望大家都能過得很愉快啊！」

「大家……是指？」

「如果我女兒跟孫子們能常常過來住，這樣的生活就太棒了。」

「原來如此。那看來有必要討論能讓令嬡、令孫聚在一起的空間，還有住宿用的房間，以及停車空間等部分了呢！」

詢問理想時，有時候會遇到難以立即實現、規模過大的回答。遇到這種情況，也可以藉由重複具體詢問，將其變成「打造出擁有同樣視角的團隊」的機會。

「我們實施進修後，怎麼樣的結果算是理想的呢？」

「這還用說嗎，當然是能東山再起、回到業界第一啊！」

「我知道了。的確，能夠達成的話就再好不過了呢！順便請教一下，如今業界第一的公司是哪家呢？」

「是△△工業啊。從五年前被他們超過之後，差距就越來越大了。」

「是這樣啊。在〇〇先生的想法裡，這次進修活動對於奪回業界首位，特別能派上用場的是哪個環節呢？」

「我們公司的管理階層，對於數位領域的活用還很弱，希望能促進這部分的成長。」

「原來如此，我瞭解了。人才的數位轉換是個頗花時間的主題。那這次的進修，就先把目標訂為——讓受講者們對於『以數位為中心，在世界上造成的變化及其威力』這件事產生實感，你覺得如何？」

「的確啊，先從領會數位的重要性開始應該會很不錯呢！」

「導入這個服務，是希望在幾年後變成什麼模樣呢？」這樣的提問也很有效果——可以引導對方開始想像更為具體的未來。可能有人已經發現了，這邊的語句不管哪一個，都是由「目的是什麼呢？」所變換而來。

直接詢問「目的」，聽到的人會產生「判斷好目的、壞目的」這類「被審查著的語感」，因而使「敢言」及「互助」要素變得低落。

尤其是首次見面時，請把「目的」換成更容易回答的方式來提問吧！

42

話 挑
助 新

✕ 這次所詢問的有關〇〇的部分，貴公司遇到的問題是什麼呢？

前置語詞

想要更進一步瞭解真正的問題時

〇 這次所詢問的有關〇〇的部分，目前發生了什麼事嗎？

在商談時，如果能明確知道對方的問題，也就容易提出解決的方案。這在營業現場裡，跟**語詞41**「目的」一樣，都是上司經常千咐萬囑的一句話：「客戶的問題究竟是什麼，要確實地問出來！」

然而，假使這樣直接地詢問「問題是什麼呢？」會聽到的可不只有問題而已。除了那些還沒有培養足夠信賴，因而說不出問題的案例；遇上心中對於問題還未想明確，只能說出「組織的……問題啊……？」這般抽象回答的客戶也是有的。

如果你自己突然被問到「請舉出三個自家團隊的問題」，覺得容易回答嗎？因此，我們**不應該用「問題是什麼？」來提問，以「目前發生的事」來提問會更有效果**。

NG案例

「今天謝謝你。那我就直接進入正題了，請問貴公司的問題是什麼呢？」

「這個嘛……這真的是很難開口啊，組織風氣方面有些……。」

「組織風氣嗎？這有點廣泛啊！特別是指哪個部分呢？」

「嗯～這個嘛。該說是不怎麼溝通嗎……。」

OK案例

「今天這段時間的討論，是要為了讓組織變得更好。為了能夠提出更好的方案，所以想要請教一下，關於組織方面，貴公司內部，目前發生了什麼事嗎？」

「說起來有點慚愧，事實上是權力騷擾的諮商增加了，年輕社員的離職也隨之而來。敝公司的兼任管理職很多，覺得在相關管理的方面好像有些問題……。」

詢問「發生了什麼事」的威力

為什麼比起直接詢問問題，改成詢問「發生了的事」會更好呢？那是因為，當人被問到「問題」時，會感覺好像不找出「正確的問題」來是不行的。但首先，在提供服務的領域裡，「發現問題」這一點其實是身為專家的受託者的工作。

如果以「發生過的事」為本，只要想起當初場面或情況就能夠進行談論，而對方也會因為覺得「是在意的事情」而自動聚焦在上頭。

巧妙地問出「發生過的事」，對於「與客戶成為夥伴、朝著相同的方向努力」這個目標極為有效。

此時，要注意的重點有兩個。

第一點是，要用：「還有其他的嗎？」「小事也無妨，還有什麼其他在意的事情嗎？」這樣全都**問清楚**。然後邊看著負責人的表情，邊給予這類觀點提示：「在發生的事情裡，有沒有想要保持原狀不做改變的部分？」「是從什麼時候開始變成這樣的？」「這是發生在特定的人或單位上的事嗎？」

另外一個重點，就是**讓對方以個人為主詞來談論**。這在前一則**語詞41**「在理想中該是什麼樣子？」裡也可以活用，讓負責人以其主觀或個人的感受來談論，對於推進瞭解狀況的程度是很有幫助的。實際上，這並非是一句對客戶說的「台詞」，仔細點來說的話，前一則**語詞41**「對你來說，理想中該是什麼樣子？」與這則**語詞42**「對你來說，是感覺到發生了什麼呢？」都是真正想要一探究竟的詢問。

「這個，或許只有我這樣想也說不定……。」當這樣的個人觀點開始出現，就表示談話進行得很順利。別做判斷，請先全部都問清楚吧！

43

挑新話助

✕

是這樣嗎？

〇

如果可以的話，
能麻煩你再詳細點告訴我嗎？

回覆語詞

要跟對方就問題進行談論時

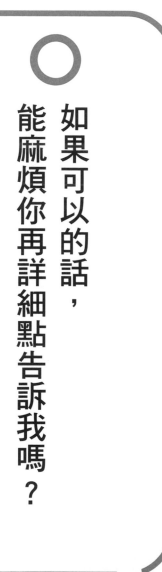

如果說前一則**語詞42**是要讓客戶把發生的事情說出來，這個語詞就是讓雙方關係轉變成「夥伴」的契機。

舉例來說，假設你聽到了「事業部長那邊，傳達了此後要重視心理安全感的方針，但那位事業部長所參加的會議，都會讓人心理安全感變低啊！」這麼一段話。

NG案例

「是這樣嗎？那麼，讓我來提個有關進修的案子吧！」

OK案例

「是這樣啊！如果可以的話，能再多告訴我一些嗎？**」**

「好的，其實前些日子在公司內部會議上，部長感嘆說『在我看來，覺得團隊心理安全感是高的，也說了有意見的話希望大家盡量都提出來，為什麼還是沒人提啊』……但事實上，就算他這樣說，大家還是很難開得了口啊……。」

「原來如此，其實像這樣的諮商，意外地有很多啊。這樣的話……。」

取代掉「是這樣嗎？」這種回應，更進一步地去挖掘詳細狀況，就能夠更具體地得知「發生了的事」。得知細節後，再以**語詞41**「怎麼樣才算理想呢？」來繼續談話，就可以連目標都明確地找出來了。藉由這樣的互動，你與客戶之間的關係也能夠強化。

即便可能在「問題」還未能明確時，商談就結束了，但只要能夠帶回「發生過的事」與相關細節，跟團隊討論之後，就能更容易地做出好提案。

讓彼此的資訊量一致

透過詢問詳細狀況，能夠讓雙方的資訊量一致，使正確提案更容易被提出。正如本章的主題，在推展案件時共享資訊，就是成為「夥伴」的重點所在。

從這層意義上來說，我們不僅要詳細瞭解對方的事，抓準時機詳細地把自己公司的事情傳達給對方也是很有幫助的。這樣的事情包括「公司裡的事」在內，有時甚至得把「沒有這個領域的知識經驗」給說出來，誠實地傳達出「做不到的事」。

這個讓資訊量一致的要點，不僅對客戶互動有效；在自家公司團隊裡，想讓新成員瞭解「鼓勵創新」時，也是很重要的。新進成員不論如何資訊量總是較少，容易偏離主題，因此要藉由**「歡迎離題」**的情況，詢問對方思考的背景、反覆輸入並修正，一開始雖然要花些時間，但很快地他就能變成有戰力的成員了。

接下來，讓我們從資訊量一致的觀點出發，試著更進一步思考看看。一個以高心理安全感組織、團隊為目標的領導者，透過第三章裡提到的一對一會議，已經能夠很好地展現出努力理解部下及成員的態度。然而，**在「被成員理解」這件事上，仍有許多因為想著「肯定能夠理解我的吧」，而意外地疏忽了的案例**。領導者藉由「展現自我」，將自己擅長或棘手的事、願景或煩惱等都表達出來，將有助讓成員們也理解領導者。

不論是在公司內，或對客戶、對交易對象，都不該只是單方面地理解，而要從促進「互相理解」做起，建立高心理安全感的友好夥伴關係。

44

話助 挑新

✕

有什麼問題嗎？

○

○○先生你對△△的部分，是怎麼看的呢？

前置語詞

當感覺到負責人不太認同時

如果在商談過程中，感受到客戶有哪邊似乎不太認同，請別放著不管，對於這些疑點或擔憂，都要清楚地消除掉才行。

通常會聽到的是「有什麼問題嗎？」這樣的詢問。然而事實上，這是一種「有或無」二選一的封閉式問句。假使對方明明有不認同的事，但回答了「沒什麼問題」，那就沒辦法獲得更進一步的資訊了。

請使用「你是怎麼看的呢？」來取代。

NG案例

「討論至此，有什麼問題嗎？」

「沒有什麼特別在意的事情／沒問題的。」

OK案例

「○○先生，你對於目前為止的談話，是怎麼看的呢？」

「關於這個，大致來說我覺得都很好，不過有個地方我有些在意……。能否再讓我看一次先前的那些資料呢……？」

「問題」二字有著直接表達出無法認同或沒能理解的語感，因此往往會被人以「沒問題的」這種方式給推拒掉。

「你是怎麼看的？」則是一句開放詢問「感知到的事」的問句，比起「有無問題」，是讓人能更輕鬆、自由地表達想法的提問方式。

當對方被問到「感知到的事」時，對於資訊不足或還沒能理解的部分，也較能重新詢問。當然，也是有可能會被說「我認為很棒！」獲得全面的同意。

當我們感覺不太能獲得客戶認同時，會不自禁地感到不安，而想要以：「截至目前為止，好像都沒問題吧？」「沒有什麼在意的事情吧？」等封閉式問句來「切斷」這樣的不安。

然而，取得「客戶表示沒問題」這樣的許諾，事實上並沒有任何意義。

請以客戶能夠自由、輕鬆開口的開放式問句來提問，盡可能獲取更多資訊。接著讓客戶感受到「他正真摯地在傾聽我說話，像這樣的夥伴，應該能夠一起做下去」，這是很重要的。

在商談最後，回顧這段時間、場景

在商談即將結束之際，這句語詞也可以做為最後請教用的提問來使用。「今天談到這裡，你是怎麼想的呢？」若是關係稍微拘謹些的話，以「今天到這邊，是否有其他想要說的事情，或是感受到什麼事情嗎？」來詢問也可以。

如此一來，諸如：「我想要早點進行」、「開始期待實行了」、「啊，要改變組織，我覺得這真的是很棘手的工作」等等，從這些提問的回覆裡，就能夠獲得讓下一次商談變得更好的提示。

透過這個語詞，不僅議論的內容可以有所進展，透過對至今為止的議論或對會議「由外而內」的回顧，還能夠重新俯瞰會議及關係。

心理安全感高的關係是「能夠產生健全衝突」的關係，然而有時候衝突過熱，也會對人際關係造成不良的影響。

此時就要活用**「你是怎麼看的呢？」**這個語詞、來俯瞰觀察，如此不僅能夠稍微促進冷卻、也可以嘗試修正進程。

45

挑話
新助

✕ 到目前為止，有什麼不清楚的地方嗎？

前置語詞

總感覺談話似乎有分歧時

〇 〇〇先生提到的△△部分，是怎麼一回事呢？

「總覺得沒法很好地理解對方說的話」、「談話產生分歧」。

你曾經有在商談時，體驗過這種感受嗎？

人不總是能夠將自己的想法正確地轉化為語言。

再說，即便使用著同樣的語句，對方跟自己所指的卻是不同的意義，這樣的情況也並不少見。可以說，這種狀況就像是**拿著不同的辭典在談話**一般。

請確認對方蘊藏在言語中的意思，來營造共通的認識吧！

這時候，這句語詞就能派上用場了。它不但不會帶給對方失禮的印象，還能夠進行確認。除了可確認彼此是否理解，有時候連對方的價值觀都有可能得知。

尤其是在複數人進行商談的狀況下，建議以附加名字的方式說：「○○先生所提到的……。」稱呼名字也是承認的一種，可以提高「敢言」要素。

「為了能夠提供好提案，我想要再確認一下，A先生所提到的『健康照護事業』，是怎麼樣的呢？」

「是指協助健康的人，能夠每天更有精神地工作這種感覺。」

「啊，原來如此……！還好有確認！我還以為是從『對健康感到不安』這個角度來思考的。」

順帶請教一下，對象的年齡大概落在？」

「主要對象是二十～三十歲女性。簡單來說，就是女性健康照護事業吧！」

「這樣啊！有確認好這部分，實在太好了。」

「啊？莫非是沒有說清楚嗎？不好意思。」

「別這麼說！直到剛剛，我都把健康照護事業誤解成是要以高齡者為對象的提案。現在已經重新理解業務內容了，請讓我再另行提出最適提案。」

「談話的輪廓變得清晰了呢，太好了。」

消除曖昧不明，同時提升心理安全感

在當事者之間作為共通語言使用的語詞，事實上並沒能建立起共通認識——這樣的例子並不罕見。而這種認知上的歧異，很可能會在之後引發更大的誤解或失誤。

例如，在某個很重視「協同合作」的公司裡，經常會聽到主管說「確實地跟相關部門協同合作喔」。然而，有的部長認為只要在有大進展時報告就行了；有的部長對這個詞的解讀卻是：資訊要即時共享，先瞭解彼此的部署狀況再向前推展。事實上，他們對於「協同合作」並沒有共通的認識，因此互相覺得：「那樣的安排，協同合作不足啊！」「未免安排過多，占用到我們這邊的時間了啊！」彼此之間反而產生不信任感。

在察覺跟對方的談話中有不協調感時，應該即時在早期階段就確認好言語的意思。這跟**語詞40**裡提到的「發現不明確的事物時，要弄清楚它」，是同樣的道理。

會因為這個提問而感到不快，覺得「為什麼要問這種問題？」的人應該不多。但如果真的覺得問起來不方便，可以加上前置的修飾語「為了重新提出更好的案子，請容我確認一下……。」這樣一來，就會比較容易開口詢問了。

確認言語意思，是避免扭曲話語與消除不協調感的必要過程，如此在一段談話結束後，才能讓對方認為「他已確實理解我」而獲得信賴，受到歡迎。

溝通時走錯一步，就可能會被誤解圍繞，導致彼此陷入險惡的「歧異」狀態。但是「偏離重點的歧異」並不是完全不能有，不如說，若能**及早利用可視化來消除歧異**，就能提高心理安全感。這點對商談或公司內部團隊溝通來說，都是一樣重要的。

46

話助
挑新

✕
你覺得如何呢？

是否還需要徵詢貴公司裡
哪一位的意見呢？

前置語詞

商談朝著簽約進展時

「商談有進展，彼此的理解也有加深，雙方的關係已經猶如良好團隊一般。負責人好像也想要再往前推進、簽約的時機似乎即將到來，但為什麼就是難以再有所進展呢……？」

這種時候，關鍵幾乎都在於對方公司的內部，像是「有負責人自己沒辦法控制、被卡住的事情」之類。

於是，解決這個「卡住的事情」是很重要的。此時比起問「覺得如何呢？」還有更加有效的提問方式。請參照下面案例一起理解。

「很不錯耶，我覺得應該可以接著進行了。」

「謝謝你，是否還需要徵詢貴公司裡哪一位的意見呢？」

「啊，這可以說嗎？其實這個案子還沒有得到課長的承認。接下來我會向上請示，至於能不能獲得承認就……其實主要是價格方面，跟課長最初所想的預算似乎還有些差距……。」

「如果有什麼我們能夠做的，請務必告知，有必要的話也可以請課長來，讓我們向課長說明！順便請教一下，課長所考量的價格帶大概是……？」

當然，也有些案子並不需要取得他人的意見或許可，若是這種情況，則可以參考以下例子進行對話。

「是否還需要徵詢貴公司裡哪一位的意見呢？」

「不用，這個案子我就可以做決定了，這部分應該沒問題的……。」

「原來如此，我這問得太失禮了。」

「我現在還煩惱的，是執行的時期啊。考慮到人事異動，我覺得我們單位的新人才是重點對象……實際執行……能否調整到下個年度呢？」

「那樣正好，執行的時期當然是可以做調整的。順帶一提，如果是以新進成員為主要對象，其實還有其他的可行方案……。」

「這個一直很困擾我，還好有跟你討論。能詳細地告訴我其他方案嗎？」

如上所述，這樣還可能引導對方展示出其他的問題點。藉由如此提問，把負責人所面對的人或事的煩惱、問題，放到商談檯面上討論，就能很自然地營造出**語詞39**提及的「問題VS我們」氛圍。讓雙方得以成為**共同解決這些課題的團隊**。

即便對於對方展示出的事實或煩惱，無法當場做出有效回應，也沒有關係。你可以帶回去，做為向團隊報告、討論時的素材。

若能更進一步的話，可以詢問負責人的**個人想法或功績**，擺出「為此，能否一起再多做些什麼」的共同奮鬥的態度，就最好不過了。

「瓶頸」這個詞，是會讓場合變得陰鬱的「障礙」

在同樣的情況下，經常可以聽到的ＮＧ詞語，就是：「好像有什麼瓶頸？」**在商談上出現「瓶頸」這個詞彙的瞬間，不知為何就會讓緊張感升高**——應該不少人曾有過這樣的經驗吧？

當瓶頸這個詞彙出現，例如說了「價格是瓶頸啊」，雙方可能就會開始提出直接了當的條件，就此展開交涉爭戰。如此一來你們不但不再「朝著同個方向前進」，還會出現「對立面」。「瓶頸」就是含有這種負面作用的詞彙，請多加留意。

請從本則「還需要徵詢哪一位的意見呢？」開始，務必嘗試運用這些讓人朝著同樣方向前進的語詞。

47

挑話
新助

✕ 確實如此。

○ 確實如此，確實如此。

回覆語詞

前置語詞

想要提問得更深入一些時

在與客戶或交易對象的商談、會談上培養出夥伴關係後，超越「這邊提案，那邊評估」的立場，「兩方一起考慮提案」的場面也可能會出現。若你在互相提出各種想法的過程中，想要提問得更深入一些，可以使用此處介紹的「確實如此，確實如此」。

這裡的重點在於**特意使用重複詞彙，來追出對方的話**——也可稱為是「雙重點讚」吧！

「這次的產品，在命名方面也要講究點才行啊！」

「確實如此，確實如此……。」

「由於目標年齡層設定在二十歲前半，所以也想要藉由有衝擊感的命名，在社群軟體上引起話題。」

「這想法很好耶，來想想各種提案吧！例如使用第一個字母來表現，可以是英文字母……或簡寫……。」

在「確實如此」背後，其實暗藏著「或許就是如此」、「感覺會是這樣」、「覺得不錯」、「可以這樣看」等肯定句子。

被這麼說之後，對方會接收到「已經被肯定地掌握住了」的印象，於是就此展示出想法，或

者更加深入地思考。

在我還是業務員時，有個後輩經常說「確實如此，確實如此！」就連對客戶也會使用，我還記得這句話帶著和緩效果，能夠讓會議活化起來。

不過，所重複的詞彙或頻率也必須要留意。**像「是喔是喔」這樣的重複詞彙，就可能讓人感覺「你有認真在聽我說話嗎？」反而會招來不信任或厭惡感**。

請花點心思，找出對方正在想點子、開始分享想法等，這類效果絕佳的時機點，來試著運用看看吧！

「催促」讓對方更容易開口

「積極聆聽」（Active Listening）是想要與對方圓滑溝通時所需的技能。它有主動詢問、積極傾聽的意思，在教練學裡也很受重視。

在積極聆聽裡，有種稱為**「催促」**的手法——接收對方所說的話，更進一步引出後續的發言。從這一點來看，可以說「催促」的表現就像是「兼具前置語詞功能的回覆語詞」。

若成功建立起彼此的信賴或親近關係，那麼諸如「意思是指？」「然後呢？」「其他還有嗎？」這種短語詞的使用，或「附和應聲」也都是可以的。至於在比社內環境更有距離感的商談場合上，就可以用本節所推薦的「確實如此，確實如此」、「原來如此，原來如此」這類重複句子的「催促」了。

「附和」、「催促」，都是為了對方

良好溝通本質上的重點，都與對方的「敢言」有關。直接回覆的「附和」，或是搞錯節奏的「催促」，都會讓對方變得難以開口。

正如**「會說話的人也懂傾聽」**這句話，**擅長運用提高心理安全感「催促」的人，也都很擅於傾聽**。

請一邊活用語詞，一邊提高「傾聽」能力，藉由「傾聽」，來築起高心理安全感的友好夥伴關係吧！

48

話助
挑新

✕ 我來想辦法吧！

回覆語詞

當出現講價等困難要求時

○ 老實說，這確實挺困擾的啊！

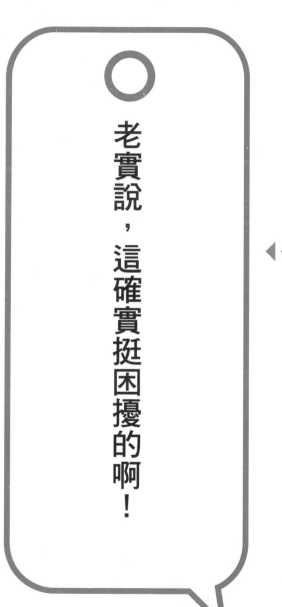

就算是心理安全感高的關係，商談當然還是離不開交涉事宜。在價格交涉等時刻，客戶有可能會提出很嚴酷的要求。

身為銷售人員，這時常會想：「如果契約能夠成立，就想辦法給出可以成交的價格吧！」於是容易不自覺說出「我來想辦法吧！」然後就將案子帶回公司……我也曾有過這樣的經驗。

然而，就算是交涉價格的場合，一旦與客戶建立起夥伴關係，彼此就不再是「我VS你」的對立立場，而是「問題VS我們」。本節介紹的這則語詞，就是為了**「一起煩惱」**而用的句子。

對於「價格」這個問題，如果擁有一起思考的「我們的觀點」，那麼即便最後的結束伴隨著毫不留情的對話，在契約成立後還是能變回「夥伴關係」。就連交涉價格的場合，都能變成築起雙方關係的關鍵——都是靠這則語詞的力量。

「這個服務的通常方案價格區間，我瞭解了。預算方面我們希望能再稍微壓低一些，是否還能夠談談價格呢？」

「這樣啊，那預算大概是多少呢？」

「是以本年度的預算，五十萬元來考量的。」

「是這樣嗎？要變成半價的話……說真的，確實挺困擾的啊……。」**（帶著微笑）**

「……那是否能容我提出替代方案呢？例如……。」

能像這樣直接把困難傳達給對方，是很有勇氣的。即便困難，但不伺機而動、也不假裝辦得到，彼此都傳達實際情況——這是為「與客戶成為高心理安全感夥伴」築起關係的重要步驟。

有時要有「失去契約的勇氣」

與其做出辦不到的約定，之後起糾紛，或是勸說勉強銷售；不如跟客戶真誠地談話、一起煩惱，若仍然還是很困難，就老實說：「很抱歉，這次看來真的很難了。」能擁有如此**「失去契約的勇氣」**，是很重要的。如果這樣做，從結果來看，商談可以很順暢地進展，而且也會是「在良好關係下失去契約」。

儘管這次沒能合作，但在半年後再次聯絡，說：「事實上，還是想跟貴公司合作，這一期已經努力地確保了預算！」這樣的情況也是有的。

當你展示自己，對方也容易展現自身

想在團隊裡提高心理安全感，「自我展示」是很有效的。我們無須要求對方察覺或推測，便能傳達自己的考量與狀況。而所展示、傳達的事情，還具有減輕對方不安的效果。這一點不論對於客戶或交易對象都是一樣的。

我在商談場合上也是，當遇到預算或排程方面有困難的要求時，就會用**「老實說……」**的方式跟對方談（說話時帶著笑容是重點）。這樣一說之後，客戶也回「那我也老實跟你說了……」這種情況還挺多的。

在商談中感到困擾時，請盡量**別說「那我帶回去討論」**。當場把自己的意見做為真心話說出來，是很重要的。請以「目前，我的想法是……」這樣的積極語句，說出自己的考量與對狀況的認識吧！

在本章裡，介紹了十個能將客戶與交易對象變成「夥伴」的語詞。請務必活用於你的商談場合，以獲取更多成果！

重點

重建負面狀態的團隊

現在，團隊正處於負面狀態，別說心理安全感了，連人際關係都很惡劣……或許也有這樣的情況吧？這種時候，請在你的組織或單位裡，從向一個人、兩個人搭話開始，建立「小團隊」，踏出第一步吧！不管你是站在上司、領導者的立場，又或是菜鳥、新人的立場都可以。

即使現在「在大家面前」或「在上司面前」，心理安全感還很低、沒法直率說話，但可以從「先做到在這兩個人、這三個人面前直率談話」開始。而這，就是打造「小團隊」的效用。

朝「重要的三次方」努力

在打造小團隊時，要注意這個團體容易不經意地變成「經營者、上司、公司的壞話大會」。這點應該已不須多說吧，就算說了再多公司、制度、上司的壞話，也沒辦法讓組織因此變好。

組織小團隊並非要你開抱怨大會，而是希望你能夠有「重視的事」。為了成為你努力想要成為的團隊，可以彼此相互討論能做到的事情，這一點是很重要的。

如下圖，在「希望對方能重視的事」上找出共識，透過傳達心理安全感的效用，會幫你更容易找到夥伴。

重視「重要的事情」，很重要。請朝著這個方向努力吧！

心理安全感高也好，心理安全感低也罷，說到底都是由每個人的每個小行動、反應所累積出來的。

心理安全感低的團隊，多的是在平常就會給予成員小小懲罰、小小不安的團隊。

具體來說，例如：

希望對方重視的事情	要素	傳達方法
想更加提升表現！	話	心理安全感高的團隊，在激烈變化當中依然容易有所表現。
想讓會議活化	話	即使說出想法或創意，也不會被否定，確保心理安全感，可讓會議活化。
想要減少失誤 想防止引起網路紛爭	助	為了在有失誤或麻煩時，能夠立刻共享，心理安全感很重要。
想要引發創新	挑	為了激發很厲害的創意，增加團隊挑戰數量很重要。
想讓成員更加活躍	新	多元化與成果有所關聯，確保心理安全感就會變順利。

話「打了招呼，但沒有被回應。」

助「雖然去尋求討論，但要我自己思考……。」

挑「即便提了案子，也只被問有前例嗎？真的能順利進行嗎？」

新「展示了新的觀點後，反應有些冷淡……。」

存在於許多職場中的這些小小懲罰與不安，都是讓心理安全感減少的元凶。所以首先，即便只在你打造的「小團隊」裡面也好，請**「①改變給予懲罰、不安的說法或應對方式」、「②引入本書介紹的『前置語詞、回覆語詞』」**。

察覺到「破壞心理安全感的，或許正是我自己？」時

破壞心理安全感、讓團隊生產力下降的，不就是我自己嗎？

當你察覺到這個「不想面對的真相」後，該怎麼辦才好？

首先恭喜你！

在承認察覺到的那一刻，問題其實就已經解決一半了。改變少有幫助的行動模式，朝

著對的方向修正自身軌道，這樣的能力稱為「心理柔軟性的領導力」。是胸懷寬廣的領導者會具備的行動模式。

修正軌道的第一步是**「宣告與約定」**。即宣告**「以成為具備高心理安全感的團隊為目標」**，並約定**「為了這個目標，我要這樣改變自己的行動」**。

在此處的結尾，我要介紹某家公司裡重新建立團隊的實際案例。

在這間公司裡，由部長主導建立了「小團隊」，課長也被拉了進來。在與課長們討論後，他們決定進行「敢言」要素的調查。於是以「什麼情況下，會覺得很難對管理職開口說話呢？」這個問題，對成員進行了詢問。

以該調查結果為基礎，他們做出了以下的「宣告與約定」：「往後，為了能讓更多企劃創意被提出，希望能夠確保心理安全感。為了這個目標，我們管理階層與各位約定，在聽取企劃說明的過程中，不會針對任何意見進行發言，會先完整聽到最後。」

此後，連部長看了都覺得品質很高的創意、提案數量成長到了目標三倍以上，從中挑出素質好的創意執行之後，還在公司內部獲得了表揚。這樣的結果甚至讓其他管理階層也想著「如果能有如此成果……」，而開始對心理安全感產生興趣。

第6章

狀況解除！把危機變轉機的語詞

計畫進展不佳、
發生了大失誤或麻煩、
客訴部門忙得不可開交……。
在如今這個變化激烈的時代，
各種危機場面層出不窮，
讓人感覺「哪有閒工夫去管心理安全感啊！」
但其實正是在這種危機場面下才更需要，
請使用能營造出心理安全感的語詞，
讓團隊全體一起把危機變成轉機吧！

49

挑話
新助

前置語詞

當發生了大家都無計可施的事件時

✕ 為什麼沒有更早發現呢？

○ 先停下來想想吧，畢竟我們只能做現在辦得到的事情。

遇上不希望碰到的麻煩，或不想得到的客訴時，你是怎麼應對的呢？不自覺地想從這些狀況中逃離、避開，或很希望有誰能做些什麼——這些想法都會湧現出來吧？我在三十歲左右擔任營業所長時，與受到客戶斥責的成員，有過下面對話。

NG案例

「所長，有點事想跟你談一下……今天接到了聯絡，是A先生打來責備的……。」

「啊？怎麼了嗎？」

「對於他提出的詢問，過了兩個星期一直沒能回答……。」

「咦？兩週前問的事情到現在還沒有回答嗎？你在做什麼啊？」

「是，那個，我本來想自己調查但是沒有搞懂，所以想說確實查好再回覆，但又很忙……一直想著隔天處理，結果時間就過去了。」

「為什麼沒有早點跟我說呢？如果早點說的話，馬上就可以處理了啊！」

我當時是抱著「希望這類困擾的事，成員能早點跟我討論」的想法，才嚴格地說了這些。現在回頭想想，就算只是營業所長，但沒能夠建立起敢言的高心理安全感團隊，說這些話語也只是將自身能力不足的責任，轉嫁給成員而已。

後來，我去向客戶道歉，總算是平息下來了。而先前那位報告問題的成員，說了「很抱歉……」之後，變得低落，也不太會再報告發生了什麼麻煩。這不論在跟進客戶、防止再發生上，都沒有產生任何對於團隊有幫助的結果。

已經發生的事情就沒辦法了，來做些現在能做得到、又有幫助的事情吧——這樣才更能應對令人困擾的狀況。領導者若能磨練出這樣柔韌的內心，團隊的氛圍也會有所改變的。

「所長，有點事想跟你談一下……今天接到了聯絡，是A先生打來責備的……。」

「這樣啊。先停下來想一想吧，畢竟我們只能做現在辦得到的事情。」

「好的。請讓我先整理一下對方提起的內容，還有應該先做些什麼才好。」

「創造性絕望」的推薦

無論我們如何小心留意，也無法預防不想見到的狀況發生。既然時鐘的指針無法回到過去，那不論發生了多麼討厭的客訴或事件，已經發生的事情就是無法改變的了。

對於那些無法改變、無法控制的事物，請放棄「想設法做點什麼」的煩惱吧！這可以說是向

前推進所需的絕望，也就是「創造性的絕望」。對於「辦不到的事情」，就要放棄，然後「因為也只能做辦得到的事，就努力做辦得到的事吧！」

比起對無法改變的事情發怒：「為什麼都放著不管！」不如想著「發生的事情，已經無計可施了」並且完全放開。這麼一來，反而能夠開始思考：「那麼，該怎麼向客戶說明呢？」集中在**之後能做的事情**，以及**可行的有用行動**上。也就是說，「絕望」其實能讓人更好地往前邁進。

雖說如此，可能也會有「馬上積極放棄掉的話，就不用辛苦了呢！」這樣的聲音出現吧？當發生了不好的事、就要變得情緒化的時候，我個人採用的簡單對策是**「十秒鐘慢呼吸」**。這是個在十秒鐘內緩緩呼吸的簡單方法，有助情緒昇華，讓自己能更和緩地集中在有助益的行動上。

50

挑話
新助

○
是哪裡覺得困擾呢？

✕
拿出幹勁來！

前置語詞

處於無法獲得結果的情況，團隊快要進入放棄模式、溫吞吞的時候

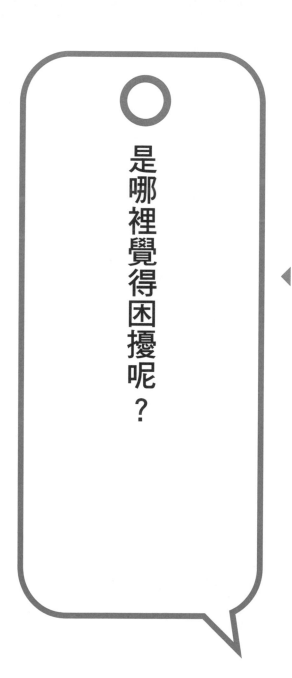

感覺到「快變成溫吞職場了」之時，應該要怎麼做才好呢？所謂的溫吞職場是指，即使預期目標或配額尚未達成，但卻還是沒有人會採取行動——是一種很容易陷入「低工作標準團隊」的狀態。

像這種時候，會不禁想要跟成員說「你鬆懈了喔」、「拿出幹勁來」吧？然而「暫時的激勵」，並無法將工作水準給拉升上來。

我在擔任公司職員時，儘管被說「拿出幹勁來！」並且也以「是的！」來回應了，但收起笑容，換上認真表情、展現出努力的態度後，還是沒有辦法讓所做的事情有什麼太大改變。

在未能達成目標、或是距離達成目標還很遙遠時，所需要做的事情，並非讓團隊成員臉上的笑容消失。

如果是簡單花費時間或勞力，就能要求有與此成正比之結果的業務，那「別說廢話，認真做……」這樣的做法或許還有一點意義也說不定，但在如今變化激烈的時代裡，這種手法已經不適用了。

在這個紛亂的時代裡，想要達成目標所必須的，並非「埋頭努力＝更長時間、更快速工作」，而是找出成為瓶頸的難關，並為了突破難關花腦筋、想點子來與團隊討論。

具有高心理安全感的團隊，正是為了獲得成果，才那麼重視「支援」。

NG案例

「沒能遵守期限的情況增加了喔，拿出幹勁來！」

「是！我會努力的！」（但不知道該怎麼做啊……）

OK案例

「沒能遵守期限的情況好像增加了呢，是有哪裡覺得困擾嗎？」

「是，其實是前段製程的部分比起過去更複雜了……所以著手得遲了。」

「原來如此，是這樣子啊。有什麼我可以支援的事情嗎？」

「這個嘛，如果可以的話，想麻煩……。」

比起說「拿出幹勁來！」這樣嚴格地逼迫，心理安全感高的提問方式，更有利於發現具體問題與瓶頸所在，也更能獲得成果。重要的是，雖說心理安全感高，但也不會在期限上有所妥協。遵守期限，才能夠在確保「容易開口討論」的情況下，讓團隊往前邁進。

心理安全感並不等於溫吞職場

為了能重新理解心理安全感，請把下圖裡的四個象限記下來。

如果你把心理安全感誤解為「對部下所說的事情，全部都得回『很好喔！』」並以此執行的話，就會落入陷阱，變成圖表左上的「溫吞職場」。

另一方面，右下的「嚴苛職場」是指工作標準雖然高，但卻是以不安或懲罰來進行控制的職場。我們的目標是圖表右上的「學習的職場」，這是心理安全感與工作標準兩者皆高的團隊。

你的團隊是怎樣的呢？

請來打造讓成員們能有健全意見衝突、發揮高超表現、互相支援的「學習的職場」吧！

		基準／Standard	
		低	高
心理安全感	高	**溫吞吞職場** 舒適區 工作缺乏充實感	**學習的職場** 能學習並成長的職場 健全衝突、高表現
	低	**冷酷職場** 不做多餘的事 只顧自己	**嚴苛職場** 以不安與懲罰來控制

石井遼介. (2020). 心理的安全性のつくりかた. 日本能率協 マネジメントセンター,. 引用並部分改寫自： Edmondson, A.C. (2018). The fearless organization: Creating psych〇1〇gical safety in the workplace for learning,innovation, and growth. John Wiley & Sons.

51

話助

挑新

✕ 為什麼會發生這種事情？你打算怎麼辦？

〇 發生了什麼事，先來拼湊事實吧！

回覆語詞

發生了麻煩，但還沒掌握住狀況時

在發現成員的失誤或問題時，可以活用這個提問法。

很多人會不自覺說出：「為什麼，會做這種事情呢？」但正如我們在**語詞4**裡提到過的，「為什麼？」「為何？」就是會給人責備的感覺。而且你如此斥責人的樣子要是被誰看到了，也會給其他成員帶來不安及恐懼。

NG案例

「部長！上星期交給〇〇公司的商品似乎故障了，對方打電話來罵……。」

「為什麼會發生這種事情？」

「這是因為……。」（思考中）

「不知道嗎？那你打算怎麼辦？」

「……非常抱歉。」

事實上，只要一個提問「為什麼？」就會讓聽到的成員猶如遭受**「提問的集中攻擊」**。這感覺就像是受到一連串質問：「發生什麼事？現在的情況是？」↓「是什麼原因？能不能想得出幾個來？」↓「其中比較有可能的是？」↓「這一點有辦法驗證嗎？」是讓人必須要回答許多疑問的提問方式。

尤其剛發生麻煩時，遭到責備的腦袋還沒辦法冷靜運作，對處在這種狀態的部下逼問「為什麼」，只會讓問題更難解決。

如果像這樣的應對重複出現，久之，成員們就會覺得「等找出原因或對策之後，再報告吧」，因而讓報告的時機延遲了。

別再這樣做了，請跟提出報告的成員一起，抱著掌握狀況的打算來談話吧！

「部長！上星期交給○○公司的商品似乎故障了，對方打電話來罵……。」

「謝謝你的告知。發生什麼事了？先來拼湊事實吧！」

「是，上星期我送商品去時，有依照程序進行了啟動確認，當時並沒有問題。可是今天客戶打來說……。」

本來用「為什麼」詢問理由或原因的做法，就首先以「發生什麼事？」來取代，努力**掌握正確的事實與狀況**吧！

當然，假使現在眼前有一把火在燃燒，在問話之前先使用滅火器也是很重要的，然而我們在商業場合上會遭遇到的眾多問題，大多都沒法先準備好如滅火器這般能夠方便解決問題的辦法。若對事情沒有正確掌握，就很難開始解決問題。

以整體團隊立場來冷靜地應對

遇到大麻煩或失誤時，有時候就連我們自己也很難保持冷靜吧？此時配合**語詞11**「那樣剛好！」來為自己爭取喘口氣的時間，是很有幫助的。

從打造一個團隊的觀點來看，麻煩並非只是壞事。只要能不把發生的事件當作「別人的事」而是**「團隊的事」**來看待，就有機會獲得「麻煩VS我們」這樣的「我們的觀點」。把事件或麻煩當作起點，團隊一起蒐集事實、提出應對的想法或意見來加以討論——透過這個尋求改善的程序，能讓每個成員的團隊感都有所提升。

這樣的程序，也能夠促進個人與團隊的學習、培養對變化中時代的應變能力，並打造一個柔韌的團隊。

52

挑話新助

✕

客戶說了什麼？

〇

首先讓我們一起前往客戶那邊吧！

回覆語詞

收到重要客戶的申訴，成員提出來報告的時候被重要客戶申訴或斥責，負責人會產生動搖、團隊氣氛也會變得緊張起來。要如何才能把這種危機轉變成機會呢？若從「團隊心理安全感」的觀點來看，這個情況會是提升「互助」要素的好時機。

「部長……往來很久的T公司那邊提出了客訴。對方非常地生氣，還告訴我說，跟我沒有辦法談……。」

「是嗎？謝謝你的報告。首先一起前往客戶那邊道歉吧！**」**

「是……很抱歉。麻煩您了。」（稍稍放心了些）

「要如何應對呢？」看清該如何應對已發生的事情，是領導者困難又重要的工作。是要優先使用前一則**語詞51**來「蒐集事實」好呢？或者要如本則**語詞52**，由領導者直接應對處理才對呢？

另一方面，也曾經有管理階層提出「事態緊急的情況暫且不說，但馬上就協助，對方是不會成長的」這樣的意見。確實，對於新進社員的關切方式，與對副領導者的關切方式，當然是不一樣的。

除了**「事態的嚴重程度」**以外，還有**「熟悉度」**及**「人才培育」**，以上這三種觀點，可以幫助你判斷是否交由對方處理或出手協助。

假使決定了要一同前往賠罪，那對於現狀、情況的掌握就很重要。有時候可能要從負責人以外的成員處獲得資訊、得到其他單位的協助、與公司或高層就應對事宜先做出協議，還有整理往來郵件或契約書之類原本就該準備的事物也很重要。

同行賠罪的領導者，就像是「安全基地」

重點並不在於身為領導者的自己，心裡究竟想去賠罪還是不想賠罪，而是**「如果有這個必要的話，領導者同行前往賠罪，不論何時都會是個選項」**。這對於成員來說，發揮了猶如安全基地般的功能。另外，你還能夠在事前說：「如果搞砸、失敗了，我會一起去賠罪，沒關係的。」用這個「前置語詞」來活用安全基地的功能，營造出促進挑戰的關鍵的效果。

人家說「叫社長出來」時，要叫嗎？

這則**語詞52**想要傳授的對象，是現場的領導層或管理層。

但如果發生在「叫你們社長出來！」這種場合，情況就完全不同了。

對公司來說，頭頭就是最後的堡壘。他要定出結論、做下決定，有時候還必須進行重要的經營判斷。在不知道發生了什麼事、不清楚要說什麼、對細節都還不瞭解的時候，就說：「對方說『總之叫社長出來！』，所以要麻煩您了。」在多數場合裡都是不智的。

我也曾經處理過「叫社長出來」這種大事件。若站在客戶的觀點，「想跟最高負責人談話」這樣的考量是可以理解的。不過這種時候，我並沒有請社長出面，而是由自己跟上級來應對。我們進行事實確認，面對並承受客戶的言語，最終獲得了客戶的理解。

在那種艱困的時刻，說實話我也想過「讓社長出面就能解決了吧……」，但現在我認為「這是聽取客戶真正心情的貴重機會」。這就是我實際接觸到「危機就是轉機」的經驗。

53

挑話
新助

✕
算了，下次再加油吧！

你就想說，
那邊還有成長空間吧！
還有，○○做得還不錯喔！

回覆語詞

新人或菜鳥因為失敗而失去自信時

對新進社員或經驗少的成員來說，遇到技能、知識、經驗障礙，或持續有失誤、不順利的事情發生也是沒辦法的，而且難免會有因喪氣而失去自信的時候。這種時刻對於團隊來說，正是發揮「互助」要素，並與「挑戰」要素產生連結的機會。

所以，對於來自成員的不安或喪氣話，應該怎麼跟進才好呢？

「前陣子的簡報，客戶提問時我完全答不上來。深深感受到自己專業知識的不足。不確定是否還做得下去，真的很不安……。」

「你就想說，那邊還有成長空間吧！」

「成長空間……嗎？」

「是啊！既然已經看出不足的部分了，不就表示還有成長的餘地嗎？」

「原來如此……或許確實是這樣也說不定啊！」

「還有，我覺得你製作的簡報資料很不錯喔！說明時客戶的反應也很好呢！」

「是真的嗎？謝謝你！」

就像有名的「半杯水」故事——看著半滿的水杯，以消極思考來形容，就是「只剩一半」；

而積極思考則是「還有一半」。不過使用本節詞語時，「積極思考」其實並非最重要的。

不如說，應先冷靜且正確地看待現狀：「水現在裝到哪裡了？」然後再去想：「要讓水位上升到哪裡呢？」藉由如此找出「成長空間」後，接著，只要未來積極地支持成員的努力與技能提升，就能夠達到真正的成長。

解開「非黑即白的思考」

當感覺喪氣時，我們經常會陷入「為何我做什麼都不行呢……」這種思考之中，過度地將挫折一般化。這也可以說是陷入了「會做事／不會做事」這樣二選一的「黑白思考」當中。

在這種時候，就算說「你其實很會做事的喔！」「積極思考吧！」這樣鼓勵積極思考，也派不上什麼用場，因為當事人會覺得「就算這樣說，但實際上就是沒能獲得成果啊……」。而且若被說句「積極地思考吧！」就能馬上切換想法，那原本應該也不怎麼煩惱吧！

並非鼓勵積極，而是改以「現在這樣說還太早，雖然有些事情還辦不到，但也有些事情應該可以勝任了」的角度，用上司、領導者的立場，「平等地看待事物＝均衡地看待現實」這樣提供支持也不錯吧？

具體來說，本節語詞後半所提示的「做得到的部分」、「好像能夠勝任的部分」，也只有在解開了「非黑即白思考」的情況下才有效果。

所謂的「激勵」，並不是要把還做不到的事情，說成好像「辦得到」並傳達給對方。而是在先接受「辦不到的現實」之後，提供對方能朝著「辦得到的未來」前進的支援。**這一點正好跟具有高心理安全感、能夠「健全地意見衝突」的組織或團隊的作為很相似**。

具有心理安全感的團隊，在策略施行或計畫不順利的時候，會有「這個好像沒有成長啊」、「說實話，來自客戶的反應挺微弱的」這樣的反饋，而團員們也會緊盯不利的現實。如此一來，就能進而開啟討論：「那麼，試試看這樣做呢？」「大概原因是出在這邊吧？」然後在團隊全員意見衝突的過程中，一邊向前進。

這則**語詞53**是從一對一會議中產生的，請以小團隊心理安全感的運用來考量它吧！

54

挑新 話助

✕

雖然很不想這樣說，
但這我之前就說過了吧～

前置語詞

當部下重複出現同樣失誤時

○

想一起確認一下……。

有時候，我們總必須要說些會讓成員覺得刺耳的話才行！

你也曾經有這種感覺吧？尤其是對於資歷尚淺的新人、尚待培養的成員……。例如：之前明明提醒過「報告要做得簡潔、容易理解」，但對方卻一點改善都沒有——這種時候就會有這種感覺吧？

NG案例

「雖然很不想這樣說，但我之前就說過了吧，要你先整理好想說的事情，再來做報告。〇〇先生是不是連自己想說什麼都不清楚？」

「是，很抱歉，下次起我會注意的……。」

「嗯，要注意啊！」

在有需要進行指導的情況下，這語句看起來運用得很流暢自然。但是，從「實際改變對方的行為」，也就是「想讓對方的報告真的變得更容易理解」的角度來說，這樣的說法並不是很有效果。

諸如「注意點」、「拿出幹勁來」、「貫徹到底」，這類**讓人不知道具體該採取什麼行動的**

「內心」關鍵字，其實在行動變革或人才培育、技能提升等方面，都派不上什麼用場。

那麼，應該怎麼做才好呢？答案就是，**一起來確認行動**。

「想跟你一起確認一下，在提出報告時，你都考慮了些什麼呢？」

「嗯……這個嘛，因為有很多事項都覺得必須要報告才行……。」

「原來是這樣啊，那報告內容你又是怎麼篩選的呢？」

「我是想盡可能報告得越多越好……你這麼一提，我才發現自己好像都沒怎麼篩選……。」

「原來如此，原來如此。其實報告時，只要報告重要的事情就行了。稍微做個報告用、備忘紙條之類的東西，一起來試做個規格化的格式出來吧？」

「咦，可以嗎？這太好了！」

「基本上，用5W1H來做報告就可以了……。」

或許有很多管理階層的人，會覺得「這樣做，花費太多時間了」，然而如果嚴格指責並無法實際上改變行為或結果，那就是「沒有成效的指導」了。確實有必要多少改變一下目前做法中的一些部分吧。

卸下保護自己的「鎧甲」

諸如「之前也說過了吧」、「雖然很不想這樣說……」這類NG修飾語，都很不建議加上。因為**這些都是說話刺耳的領導者，做為保護自己的「鎧甲」所使用的語詞**，對於聽到這些話的成員之成長，毫無益處。穿上這樣的鎧甲，可以說是**「展示自我」的反例**，會減少「敢言」、「互助」的要素。

尤其「之前也說過了吧」這句話，會傳達出「聽一次就要理解，而且還要做得到」這樣的默認前提。如果所有的成員都是只要被說過一次，就能完全理解意圖、改變行為、不會犯同樣錯誤的傑出人才，那就太好了呢！然而在現實中，就算全是天才的團隊也辦不到這種事情。

還有，事實上，事情只有在實際做過、確認之後再繼續推展，才能夠減少失誤。但上面的NG語詞不但無助改善，還可能會讓人自己認定「不可以再問第二次……」而擅自行動起來；若在失敗後覺得喪氣時，還會被追擊：「為什麼要隨便做這種事！」也會造成負面效果。

脫下「鎧甲」，跟成員一起檢討行動，看起來雖然像在繞遠路，但卻是在為團隊打造一條能夠提高心理安全感、朝向成果邁進的近路。

55

讀看看怎麼樣呢？
這個內容是……

寫在本書結尾

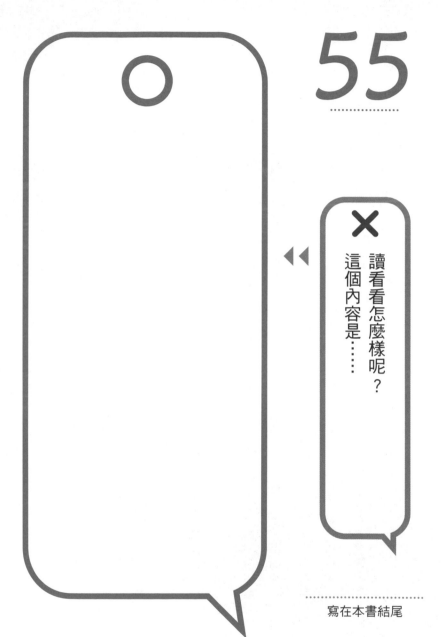

至此，已經介紹完打造團隊心理安全感的五十四個語詞了。

最後要傳授秘技。

那就是，**敢於「沉默」**。

「最近介紹給你的那本商業書，覺得怎麼樣？」

「那本書嗎……那個……。」

「　　」

當對方說得吞吞吐吐時，我們很容易會補充說出：「覺得哪邊好呢？」「我對於這個部分特別有印象呢……」類似的話來。請暫且別這樣做，以「沉默」來稍等一下吧！為什麼呢？因為這段時間，是**給對方的「思考時間」**。當人正在思考時，聽到緊接而來的下一句話，用來思考的空白時間就沒了。如此持續下去，被詢問的一方，會變得很難把自己的想法給說出來。

有一句話說「沉默是金，雄辯是銀」。據說是出自十九世紀英國評論家湯瑪斯・卡萊爾（Thomas Carlyle）的著作《衣裳哲學》（*Sartor Resartus*）。

當沉默持續，往往會招來不安的心情，讓人想要更進一步重複說明，但事實上，對方的沉默也是有意義的，將其打斷並非好事。

在業務場合也是如此，「沉默」被認為是取得合約過程中的重要程序。簡直可以說就是「沉默是金，雄辯是銀」的代表性題材。

我原本對沉默也感到棘手，所以只要談話中斷，馬上就會找話來說。在剛擔任業務人員的那陣子，我不但做簡報時會說上許多話，說完契約話題後，還會完全沒意識到要留給客戶思考時間地就轉換了話題。好不容易客戶說要積極考慮了，我這邊卻又問：「還沒辦法決定是吧？」結果，我在商談結束後被上司訓了一頓。

這樣的我，如今已經能夠享受沉默了。因為我已經理解，這段時間是眼前人進行思考的重要時間。

提問能讓腦子動起來

提問有著**「深化思考」**、**「增廣視野」**及**「探求答案」**這三個效果。而這不僅限於與對方說話的「那個時刻」而已。事實上我們的頭腦會無意識地運作，針對被丟過來的提問，在之後持續地進行搜尋。

舉例來說，遇到像「你真正想做的事情是什麼呢？」這樣的大哉問，或許沒辦法當場就給出答案。然而可能三天之後，你會突然在洗澡時得出解答：「這樣說起來，我自己真正想做的事情應該就是〇〇吧！」

相信上述這個「得出答案的時間差」經驗，你應該也是有過的。這大概就是因為頭腦一直持續搜尋著該提問之答案的緣故吧！

以「問題」形式把言語丟出來後，該馬上給出的不是答案，而是「沉默」。

這樣一來，才能讓成員的頭腦持續搜尋，這是帶出好想法、營造良好團隊的秘訣。

最後，我想以一個「問題」的型態，把「五十五個語詞」化作言語，做個結尾。

「如何出聲搭話，來營造更好的團隊呢？」

這個答案一方面，正如本書已然傳達的內容。然而，先不說別的，就說在你的團隊、你的組織、對某位成員，在這個狀況下，你會怎麼跟他說呢？

關於這個問題的答案，我只有沉默。

因為這是個希望能夠不停向你提出的問題。

作者後記

我很珍惜自己使用的「言語」，以及從中誕生的「團隊的力量」。

我的社會人經歷的起點，是銷售住宅的業務人員。由於我大學唸的是建築，對於「喜歡跟人說話」、「喜歡回應他人期待」的我來說，「住宅×業務」是必然的選擇。雖然當時洋洋得意地進了公司，但等待著我的卻是嚴苛的現實。最初三年內，我的成果不怎麼樣，只達到年度目標的五〇～六〇％。

完全失去信心的我，在第四年異動到某個團隊後，發生了戲劇性的變化。我在該年首次達成了目標，並且在隔年的第五年，還獲得了公司第一名的業務人員金獎。

我並不認為自己是在從第三年過渡到第四年的瞬間，突然急遽成長了。那麼究竟是哪裡不一樣了呢？其實是第四年裡的強力團隊合作。在該團隊裡，我們理解彼此的長處、信賴這些長處並互相討論。有時也會發現弱點，但因有著確實的信賴，團隊全體都朝著大目標在前進。現在想起來，當時團隊裡心理安全感的四大要素全部都很高。

之後，在我當上業務經理時，又撞上了一堵高牆。曾經我所在的那種「優良團隊」，這次要靠自己來打造了，然而我卻進行得不太順利。當時的我十分拚命，對成員表現出超出必要的嚴格，結果造成了「懲罰、不安感」蔓延的心理「不」安全感團隊。

當時我所使用的語詞，盡是本書中也有提到的「為什麼？」「雖然很不想這樣說」「你做了什麼？」這類帶有詰問語調的ＮＧ語詞。而這些心理安全感受到威脅的成員們，也沒能取得什麼成果。

好不容易，我終於察覺到了。在我有所成長的那個團隊裡，大家所使用的「語詞」是完全不一樣的。

從那刻起，我開始學習教練學、模仿並與尊敬的上司討論、摸索各式各樣的言語。慢慢地，團隊裡的事務不再都是由身為經理的我來帶動，成員每個人都自己動起來，我們終於成了「具有心理安全感、能朝成果邁進的團隊」。

接著，等在結束了職員生涯，轉任為商業教練的我前方的，是命運般的相遇。「心理安全感」——當我遇到這個概念時，至此為止的經驗，全部都被精彩地說明了。

那之後的我，開始在公司內部團隊裡、還有面對客戶時，探尋透過「言語」來提高心理安全感的方法。一邊累積、試驗錯誤，一邊總結本書中所傳達的「能實際運用的語詞」、「搭話方法」，可以說就是我的使命。

結果令人慶幸地，我獲得了許多來自管理階層、領導者們，諸如「這很有幫助！」「團隊開始改變了！」之類的回饋。

「言語」有時可以救人，有時也會傷人。你不經意使用的一句話，都有其力量。那是可以改變成員對於事物的看法、讓思緒朝向良好想法，或讓解決方案活化、促進協力、能賦予我們天天努力的工作色彩及意義的力量。

我確信一句句語詞的重複積累，能夠讓團隊產生改變。

身為「心理安全感的實踐者」，我要做出將「心理安全感場域」送達給諸位有緣者的約定。若你能夠活用本書，也加入實踐者的行列，將是我無上的喜悅。

謝辭

為了本書的出版，進行企劃・製作的大久保奈美小姐，妳以莫大的支援從幕後推動我對新舞臺的挑戰，謝謝妳，引發出我未知的力量。監修者，同時也是ZENTech董事的石井遼介先生，謝謝你。多虧與大久保小姐、石井先生作為團隊共同前進，過程中得以磨練出一個個語詞，並寫得更加容易理解。

協助聽取具體案例的茂森仙直先生、鈴木聰子小姐、小田川賢太朗先生，謝謝你們。ZENTech的客戶，以及容我以個人身分提供支援的各位顧客們，謝謝你們。因為與各位的實踐，讓我確信了言語的力量；而在與諸位共同營造心理安全感場域的過程裡，也讓我再度實際感受到言語的力量。

與ZENTech股份有限公司的相遇，對我來說是很大的轉捩點。促成我與ZENTech緣分的島津清彥先生，謝謝你。在ZENTech的夥伴與同志們——金亨哲先生、武田雅子小姐、岡田大士郎先生、常盤木龍治先生、萩原寬之先生、望月真衣小姐、Taruma Yuki先生、黑澤康子小姐、野川悠人先生、三浦佳惠小姐、甲谷勇平先生、立花豐先生、德元將義先生、福地雄貴先生、幸地龍成先生、櫻井新吾先生、河村祐貴子小姐、高安玲未小姐、西孝幸先生、南川翔先生、深澤勇介先生、小中葵小姐、北里夏毅先生、田中裕士先生、矢崎映子小姐、新井馨小姐、羽田司先生，真的很感謝你們。不論是與ZENTech的大家一起團隊營造，或是在推行計畫當中培養心理安全感等，都關係到這本書的誕生。

讓我學習教練學基礎的谷口貴彥導師，與互相切磋琢磨的夥伴們，很謝謝你們。讓我學會察覺言語的效果、重要性等眾多關鍵。

設計書衣的krran的西垂水敦先生，設計本文的Isshiki的松田喬史先生、製版、組版的飛鳥新社的北村加奈小姐，感謝各位回應我細碎的要求。插畫家Yamane Ryoko小姐，謝謝妳絕佳的插畫，我全都很中意。

作家山守麻衣小姐為本書完成了基礎，負責校對的入江佳代子小姐、井口崇也先生，謝謝你們。飛鳥新社的矢島和郎先生，鍥而不捨地到最後的最後都還在修訂改正，謝謝你。

為本書印刷的中央精版印刷股份有限公司的諸位，協助配送的各位、書店店員的各位、刊載書籍訊息的諸位媒體人，真的非常感謝。托各位的福，讓我與讀者們得以結緣。

另外，想借用這裡，對支持我進行出書這項大挑戰的妻子與兩個女兒，傳達我的感謝。真的謝謝了，之後也要多多指教喔！

還有，也請容我對拿起這本書的你，道聲感謝。真的，非常感謝！

參考文獻一覽

【心理安全感、組織發展】

石井遼介（2020）《心理的安全性のつくりかた「心理的柔軟性」が困難を乗り越えるチームに変える》（愈吵愈有競爭力）日本能率協会マネジメントセンター

Schein, E. H., & Bennis, W. G. (1965)・Personal and organizational change through group methods: The laboratory approach. New York: Wiley.

Edmondson, A. (1999)・Psychological safety and learning behavior in work teams. Administrative science quarterly, 44(2), 350-383.

Edmondson, A. C., & Lei, Z. (2014)・Psychological safety: The history, renaissance, and future of an interpersonal construct. Annu. Rev. Organ. Psychol. Organ. Behav., 1(1),23-43.

エイミー.C. エドモンドソン，野津智子（譯）（2014）《チームが機能するとはどういうことか》英治出版

エイミー.C. エドモンドソン，野津智子（譯）（2020）《恐れのない組織》（心理安全感的力量）英治出版

Google re:Work .「効果的なチームとは何か」を知る

https://rework.withgoogle.com/jp/guides/understanding-team-effectiveness/steps/introduction/

広木大地（2018）《エンジニアリング組織論への招待》技術評論社.

伊藤邦雄, et.al.（2020）《持続的な企業価値の向上と人的資本に関する研究会報告書》経済産業省

伊藤邦雄, et.al.（2022）《人的資本経営の実現に向けた検討会 報告書 ～人才版伊藤レポート2.0～》経済産業省

【領導力、追隨力】

ロバート・ケリー，牧野 昇（譯）（1993）《指導力革命―リーダーシップからフォロワーシップへ》プレジデント社

李英俊、堀田創《チームが自然に生まれ変わる（2021）「らしさ」を極めるリーダーシップ》ダイヤモンド社

安斎勇樹（2021）《問いかけの作法 チームの魅力と才能を引き出す技術》ディスカヴァー・トゥエンティワン

ピーター.F. ドラッカー，上田惇生（譯）（2006）《経営者の条件》（杜拉克談高效能的5個習慣）ダイヤモンド社

【行為分析、心理柔軟性、健康幸福】

前野隆司、前野マドカ（2022）《ウェルビーイング》日経BP

谷晋二. et. al.（2020）《言語と行動の心理学》金剛出版

ランメロ・トールネケ. 武藤崇、米山直樹譯（2009）《臨床行動分析のABC》日本評論社

三田村仰（2017）《はじめてまなぶ行動療法》金剛出版

トールネケ, N.，武藤崇、熊野宏昭（監譯）（2013）《関係フレーム理論（RFT）をまなぶ：言語行動理論・ACT 入門》星和書店

Hayes, S. C., Strosahl, K. D., & Wilson, K. G.（2009）Acceptance and commitment therapy Washington, DC: American Psychological Association.

カーライル，石田憲次（譯）（1946）《衣服の哲学》岩波文庫

號碼	適用場合	語詞	種類
25	聽到私人領域的深沉煩惱時	原來是這樣啊，謝謝你告訴我。	♡
26	對方說出了有趣的話題時	能再多告訴我一些嗎？	♡
27	在聽話過程中，浮現出好建議時	我想到一些事，可以說出來嗎？	♡
28	一對一會議的結尾	你能把談話至今，所感受到的事情告訴我嗎？	⋰
34	已預料到會增加新工作時	有沒有什麼工作是可以減少的呢？	⋰
35	想向新成員募集意見或觀點時	○○先生是怎麼看的呢？能告訴我嗎？	⋰
40	在商談初啟時	今天，在這邊要……。	⋰
41	想知道目的時	這個案子結束時，在你的理想中該是什麼樣子？	⋰
42	想要更進一步瞭解真正的問題時	這次所詢問的有關○○的部分，目前發生了什麼事嗎？	⋰
43	要跟對方就問題進行談論時	如果可以的話，能麻煩你再詳細點告訴我嗎？	♡
44	當感覺到負責人不太認同時	○○先生你對△△的部分，是怎麼看的呢？	⋰
45	感覺談話似乎有分岐時	○○先生提到的△△部分，是怎麼一回事呢？	⋰
46	商談朝著簽約進展時	是否還需要徵詢貴公司裡哪一位的意見呢？	⋰
48	當出現講價等困難要求時	老實說，這確實挺困擾的啊！	♡
49	當發生了大家都無計可施的事件時	先停下來想想吧，畢竟我們只能做現在辦得到的事情。	⋰
51	發生了麻煩，但還沒掌握住狀況時	發生了什麼事，先來拼湊事實吧！	♡
54	當部下重複出現同樣失誤時	想一起確認一下……。	⋰

心理安全感「四要素」語詞一覽表

話 敢言

⋱…前置語詞
♡…回覆語詞

號碼	適用場合	語詞	種類
1	一天開始時的打招呼	〇〇先生，早安。	⋱
2	想要在團隊裡營造容易商談的氛圍時	今天的商談時間是〇點～〇點喔！	⋱
6	領導者在不擅長領域上，想開口請人跟進或協助的時候	我對〇〇不太擅長，可以的話能拜託你嗎？	⋱
7	在遠端工作中，想要詢問事情時	現在，有時間談談嗎？	⋱
8	想確實地表達感謝的時候	～這件事謝謝你了。	♡
9	進修、商談、簽約等結束後，與對方進行回顧時	那件事，如何呢？	♡
11	當麻煩發生時	那樣剛好！	♡
12	想賦予會議心理安全感時	本場合的心理安全感，由我來擔保。	⋱
14	沒有想法出現時	由於需要一些時間，請先寫出來吧！	⋱
15	對於成員提出的想法有疑慮時	謝謝。也來聽聽其他人的想法吧！	♡
16	各種意見零零落落地被提出時	有沒有能夠組合以上想法，讓事情順利進行的意見呢？	♡
17	當討論白熱化，自己與對方產生意見衝突時	因為想瞭解所以提問，能再多告訴我一些嗎？	♡
18	沒能出現所想要的結果時	讓我們一起來回顧，嘗試過後所得知的事情吧！	♡
19	從自己的立場來看對方意見，有所擔憂或反對時	從〇〇的觀點來看，我是這樣想的。	♡
20	想改善到目前為止，都進行得不熱烈的一對一會議時	之前的一對一會議，我覺得都進行得不怎麼順利，從這次開始，要更認真地面對它。	⋱
24	比通常的一對一會議更進一步，希望對方能共享自己的事情時	有沒有什麼事情是你希望我知道的？	⋱

號碼	適用場合	語詞	種類
31	決意要初次嘗試時	來試著做做看吧！	♡
33	努力思考出來的企劃被打回票，但還不想放棄時	這就是要動腦筋的時候了。	♡
35	想向新成員募集意見或觀點時	〇〇先生是怎麼看的呢？能告訴我嗎？	〃
37	挑戰中，但似乎無法如願獲得成果時	謝謝你嘗試了〇〇，很期待會學到什麼。	♡
38	正進行挑戰，還不知道成果如何時	請讓我分享〇〇先生的挑戰。	♡
39	所有商談適用	讓我們一起……。	〃
40	在商談初啟時	今天，在這邊要……。	〃
44	當感覺到負責人不太認同時	〇〇先生你對△△的部分，是怎麼看的呢？	〃
46	商談朝著簽約進展時	是否還需要徵詢貴公司裡哪一位的意見呢？	〃
47	想要提問得更深入一些時	確實如此，確實如此。	〃 ♡
48	當出現講價等困難要求時	老實説，這確實挺困擾的啊！	♡
49	當發生了大家都無計可施的事件時	先停下來想想吧，畢竟我們只能做現在辦得到的事情。	〃
50	處於無法獲得結果的情況，團隊快要進入放棄模式、溫吞吞的時候	是哪裡覺得困擾呢？	〃
52	收到重要客戶的申訴，成員提出來報告的時候	首先讓我們一起前往客戶那邊吧！	♡
53	新人或菜鳥因為失敗而失去自信時	你就想説，那邊還有成長空間吧！還有，〇〇做得還不錯喔！	♡
54	當部下重複出現同樣失誤時	想一起確認一下……。	〃

助 互助

…前置語詞

♡…回覆語詞

號碼	適用場合	語詞	種類
2	想要在團隊裡營造容易商談的氛圍時	今天的商談時間是〇點～〇點喔！	前置語詞
4	約定的期限快到了，吩咐的工作還沒能完成時	是被什麼卡住了呢？	前置語詞
6	領導者在不擅長領域上，想開口請人跟進或協助的時候	我對〇〇不太擅長，可以的話能拜託你嗎？	前置語詞
7	在遠端工作中，想要詢問事情時	現在，有時間談談嗎？	前置語詞
8	想確實地表達感謝的時候	～這件事謝謝你了。	回覆語詞
11	當麻煩發生時	那樣剛好！	回覆語詞
13	在會議開始時	這個會議的目標是〇〇。	前置語詞
18	沒能出現所想要的結果時	讓我們一起來回顧，嘗試過後所得知的事情吧！	回覆語詞
19	從自己的立場來看對方意見，有所擔憂或反對時	從〇〇的觀點來看，我是這樣想的。	回覆語詞
21	想跟對方多談些話的時候	近來工作上有什麼有趣的事嗎？	前置語詞
22	想知道對方的長處或強項時	你曾因怎樣的工作表現被稱讚呢？	前置語詞
23	想要讓對方講出想說的話時	請告訴我壞消息跟好消息。	前置語詞
24	比通常的一對一會議更進一步，希望對方能共享自己的事情時	有沒有什麼事情是你希望我知道的？	前置語詞
25	聽到私人領域的深沉煩惱時	原來是這樣啊，謝謝你告訴我。	回覆語詞
28	一對一會議的結尾	你能把談話至今，所感受到的事情告訴我嗎？	前置語詞
29	得到改良的提案時	來看看要怎麼分配任務吧！	回覆語詞
30	想讓新點子、想法或提案具體成形時	為了推展作業，你需要誰的協助？	回覆語詞

號碼	適用場合	語詞	種類
47	想要提問得更深入一些時	確實如此，確實如此。	〃 ♡
49	當發生了大家都無計可施的事件時	先停下來想想吧，畢竟我們只能做現在辦得到的事情。	〃
52	收到重要客戶的申訴，成員提出來報告的時候	首先讓我們一起前往客戶那邊吧！	♡
53	新人或菜鳥因為失敗而失去自信時	你就想說，那邊還有成長空間吧！還有，〇〇做得還不錯喔！	♡

新 鼓勵創新

〃…前置語詞

♡…回覆語詞

號碼	適用場合	語詞	
10	當實現可能性偏低的想法出現時	這是嶄新的觀點！再說得詳細些。	♡
11	當麻煩發生時	那樣剛好！	♡
13	在會議開始時	這個會議的目標是〇〇。	〃
15	對於成員提出的想法有疑慮時	謝謝。也來聽聽其他人的想法吧！	♡
17	當討論白熱化，自己與對方產生意見衝突時	因為想瞭解所以提問，能再多告訴我一些嗎？	♡
19	從自己的立場來看對方意見，有所擔憂或反對時	從〇〇的觀點來看，我是這樣想的。	♡
20	想改善到目前為止，都進行得不熱烈的一對一會議時	之前的一對一會議，我覺得都進行得不怎麼順利，從這次開始，要更認真地面對它。	〃
21	想跟對方多談些話的時候	近來工作上有什麼有趣的事嗎？	〃
26	對方說出了有趣的話題時	能再多告訴我一些嗎？	♡
35	想向新成員募集意見或觀點時	〇〇先生是怎麼看的呢？能告訴我嗎？	〃
36	稀奇的點子或不現實的巨大想法出現時	很好喔！能再多告訴我一些嗎？	♡
38	正進行挑戰，還不知道成果如何時	請讓我分享〇〇先生的挑戰。	♡
43	要跟對方就問題進行談論時	如果可以的話，能麻煩你再詳細點告訴我嗎？	♡

挑 挑戰

…前置語詞
♡…回覆語詞

號碼	適用場合	語詞	種類
3	當出現許多意見或擔憂／動作停下來時	先來做看看吧！做了就知道。	前置語詞
5	當把工作交給在該領域中經驗較淺的成員時	覺得跟誰談談會有助進展呢？	前置語詞
9	進修、商談、簽約等結束後，與對方進行回顧時	那件事，如何呢？	回覆語詞
10	當實現可能性偏低的想法出現時	這是嶄新的觀點！再說得詳細些。	回覆語詞
11	當麻煩發生時	那樣剛好！	回覆語詞
16	各種意見零零落落地被提出時	有沒有能夠組合以上想法，讓事情順利進行的意見呢？	回覆語詞
18	沒能出現所想要的結果時	讓我們一起來回顧，嘗試過後所得知的事情吧！	回覆語詞
22	想知道對方的長處或強項時	你曾因怎樣的工作表現被稱讚呢？	前置語詞
27	在聽話過程中，浮現出好建議時	我想到一些事，可以說出來嗎？	回覆語詞
29	得到改良的提案時	來看看要怎麼分配任務吧！	回覆語詞
32	工作沒有問題地進行著，但想要更進一步挑戰時	為了拿出十倍成效，來想想有沒有想要嘗試的事情吧！	前置語詞
33	努力思考出來的企劃被打回票，但還不想放棄時	這就是要動腦筋的時候了。	回覆語詞
34	已預料到會增加新工作時	有沒有什麼工作是可以減少的呢？	前置語詞
37	挑戰中，但似乎無法如願獲得成果時	謝謝你嘗試了〇〇，很期待會學到什麼。	回覆語詞
38	正進行挑戰，還不知道成果如何時	請讓我分享〇〇先生的挑戰。	回覆語詞
39	所有商談適用	讓我們一起……。	前置語詞
41	想知道目的時	這個案子結束時，在你的理想中該是什麼樣子？	前置語詞
45	感覺談話似乎有分歧時	〇〇先生提到的△△部分，是怎麼一回事呢？	前置語詞

國家圖書館出版品預行編目(CIP)資料

全球最強團隊都在用的「心理安全感」溝通用語55／原田將嗣著；林曜霆譯. -- 初版. -- 新北市：方舟文化，遠足文化事業股份有限公司, 2023.05
面；　公分. --(職場方舟；22)

譯自：最高のチームはみんな使っている：心理的安全性をつくる言葉55
ISBN 978-626-7291-23-8(平裝)

1.CST：人際傳播　2.CST：組織管理

494.2　　112003902

方舟文化官方網站　方舟文化讀者回函

職場方舟 0022

全球最強團隊都在用的「心理安全感」溝通用語55

最高のチームはみんな使っている 心理的安全性をつくる言葉55

作者　原田將嗣｜**監修者**　石井遼介｜**譯者**　林曜霆｜**封面設計**　張天薪｜**內頁設計**　莊恒蘭｜**主編**　林雋昀｜**行銷主任**　許文薰｜**總編輯**　林淑雯｜**出版者**　方舟文化／遠足文化事業股份有限公司｜**發行**　遠足文化事業股份有限公司（讀書共和國出版集團）231 新北市新店區民權路 108-2 號 9 樓　電話：（02）2218-1417　傳真：（02）8667-1851　劃撥帳號：19504465　戶名：遠足文化事業股份有限公司　客服專線：0800-221-029　E-MAIL：service@bookrep.com.tw｜**網站**　www.bookrep.com.tw｜**印製**　通南彩色印刷有限公司　電話：（02）2221-3532｜**法律顧問**　華洋法律事務所　蘇文生律師｜**定價**　380 元｜**初版一刷**　2023 年 5 月｜**初版二刷**　2024 年 2月｜

SAIKO NO TEAM WA MINNA TSUKATTEIRU SHINRITEKI ANZENSEI WO TSUKURU KOTOBA 55